신개정판 손수 지어 만드는
우리아이의 한복

손수 지어 만드는 우리아이의 한복

'화려한 색, 부드러운 선, 고운 자태' 이는 모두 우리나라의 전통 옷인 한복을 표현하는 말입니다. 다가오는 명절, 옹기종기 모여 식구들간의 안부를 묻고 가족애를 싹 틔우는 시간에 내 손으로 직접 만든 한복을 입은 우리아이의 재롱은 그 시간을 더욱 행복한 시간으로 만들어줍니다. 빨주노초 화려한 원색의 한복은 아이의 얼굴을 더욱 화사하게 만들어주네요.

전통한복을 입은 아이의 모습이 서양복을 입은 모습과는 다른 느낌을 줍니다. 넉넉한 품과 풍성하고 부드러운 실루엣은 우리 한복의 특징이자 매력입니다.

우리아이에게는 무엇이든 주고싶은 게 엄마의 마음입니다. 한땀 한땀 사랑을 듬뿍 담아 세상에서 하나뿐인, 우리아이를 위한 전통한복을 만들어보며 우리 선조들의 지혜와 아름다운 한복의 매력에 빠져보세요.

한복에 사랑을 담아.....

Contents

세상에서 가장 아름다운 우리 **공주님**을 위한 **여아한복**

세상에서 가장 멋진 우리 **왕자님**을 위한 **남아한복**

전통한복을 알아가는 시간

한복 기초 부재료

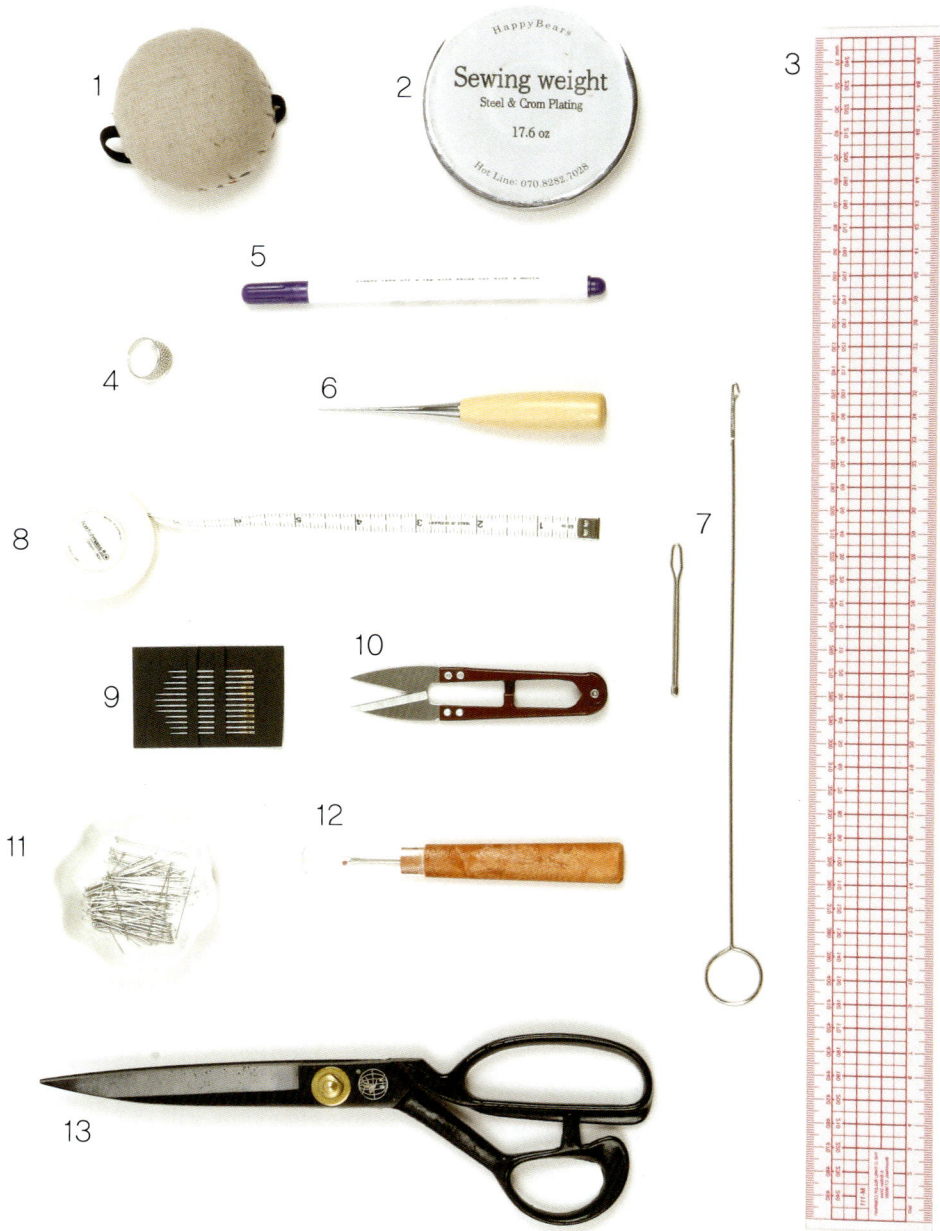

핀쿠션
핀쿠션
자주 사용하는 핀, 바늘 등을 적당량
꽂아서 필요할 때 바로 사용하세요.

 문진
해피 소잉 웨이트(문진)
원단과 패턴이 서로 뒤틀리지 않도록
묵직하게 고정해주는 누름쇠입니다.

 그레이딩 자
그레이딩 자
유연성이 좋아 평행선, 직선, 곡선에
유용하게 사용할 수 있습니다.

 골무
모던 링 알미늄골무
손바느질할 때 골무의 홈부분을 이용
해 바느질하여 손을 보호하고 작업의
능률을 높입니다.

 쵸크
기화성 펜쵸크 퍼플
직물에 마름선을 표시하거나, 부직포
패턴지에 패턴을 옮겨 그릴 때 사용
합니다.

 송곳
고급 일제송곳
모서리 끝 부분을 깔끔하게 정리하거
나, 미싱봉제 시에 천을 잡아주는 보
조도구로 사용합니다.

 고무줄 끼우개와 뒤집게
걸이 뒤집게&끼우개 3종 세트
고무줄이나 테이프를 좁은 통로에 끼
우고 원단의 좁은 부분을 뒤집을 때,
편리하게 작업할 수 있습니다.

 줄자
독일 자동줄자
신체치수를 측정하거나 곡선의 치수
를 잴 때 사용합니다.

 손바느질용 바늘
손바늘
작품의 마무리 또는 장식 작업 시 자
주 필요하므로 사이즈별로 준비해 주
세요.

 쪽가위
최고급 금장 쪽가위
작업 중에 가장 많이 사용하는 실을
자르는 가위. 깔끔한 마무리 작업을
위해 꼭 필요합니다.

 시침핀
실크핀(시침핀)
시침핀을 꽂은 상태에서 바로 바느질
을 할 수 있는 표면이 매끄럽고 가는
제품이 좋습니다.

 실뜯게
나무무늬 손잡이 실뜯게(리퍼)
바느질이 잘못되어 바늘땀을 뜯어야
할 때, 단춧구멍을 뚫을 때 사용됩니
다.

 재단용 가위
모던 블랙 재단가위 260mm
원단 재단하기에 편리한 원단 전용 재
단가위로 재단합니다.

기본 바느질 방법

홈질(크게)

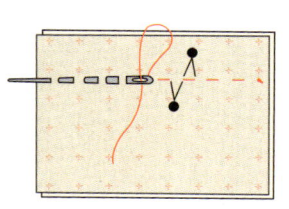
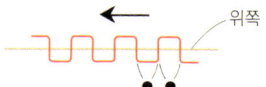

위쪽

손바느질의 기본이 되는 바느질법으로, 손의 상하운동으로 진행합니다. 0.3~0.4cm의 바늘땀으로 앞뒤의 바늘땀이 가지런하도록 바느질합니다.

홈질(작게)

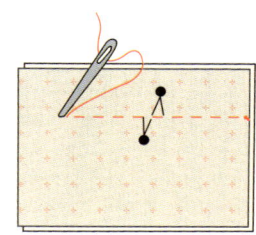
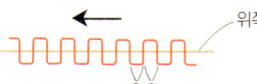

위쪽

홈질의 바늘땀을 작게한 바느질 방법으로, 바늘 끝만을 움직입니다. 앞뒤 0.2cm의 바늘땀으로 가지런하게 바느질합니다.

박음질

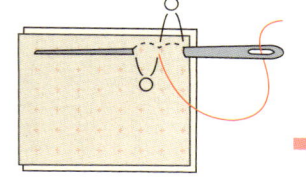
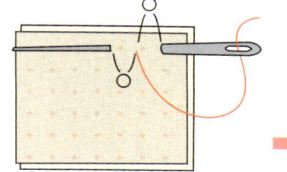
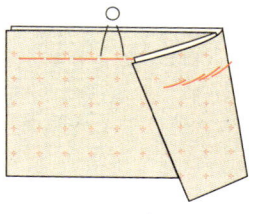

○=0.3~0.6cm

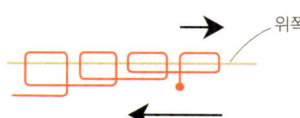

위쪽

바느질하면서 한땀 앞으로 되돌아가 다시 바느질하는 방법입니다. 손바느질 중에서 제일 튼튼한 방법으로, 앞면에서 보면 재봉틀로 봉제한 땀처럼 깔끔하게 보입니다.

반박음질

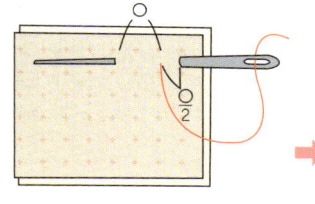
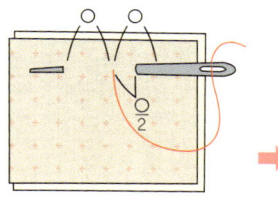
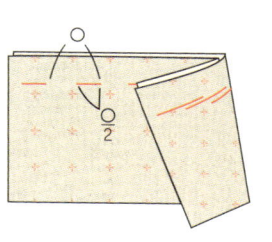

○=0.3~0.6cm

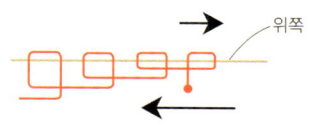

위쪽

바느질을 하면서 반땀만 앞으로 되돌려 다시 바느질 하는 방법입니다. 튼튼한 바느질법이지만, 되돌아박기보다는 느슨한 땀이 됩니다.

감침질

접은 부분을 마무리할 때 사용하는 바느질 방법입니다. 용도에 따라 여러가지 바느질법이 있지만, 기본적인 3종류의 바느질법이라면 소품을 만드는 데는 충분합니다.

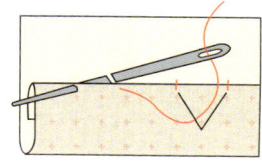

세로 감침질
튼튼한 바느질법으로 지퍼를 달거나, 아플리케 등의 작업에 쓰입니다.

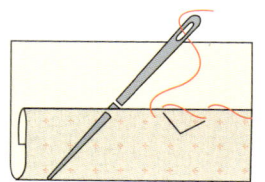

물결모양 감침질
접은 부분에 비스듬히 실이 건너가기 때문에, 세로 감침질보다 완성에 있어 유연성이 있습니다.

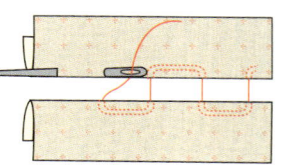

ㄷ자모양 감침질
감침질 할 부분을 서로 맞대어 바느질하는 방법으로, 실이 천의 안으로 들어갑니다. 창구멍 처리에 많이 쓰입니다.

❀ 쌈솔

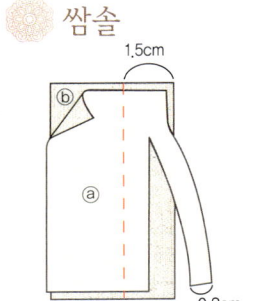

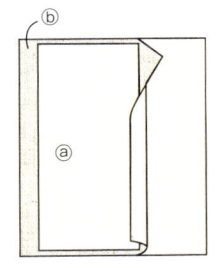

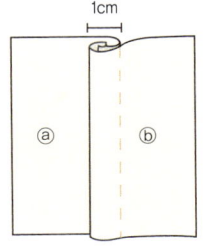

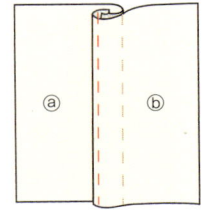

겉과 겉이 서로 마주보게 겹쳐 봉합하고, 한쪽의 시접을 반으로 자릅니다.

시접을 한쪽으로 눕히고, 자른쪽의 시접을 다른 한쪽으로 감쌉니다.

시접을 다림질하여 반대방향으로 눕힙니다.

감싼 시접의 가장자리에 상침을 합니다.

❀ 통솔

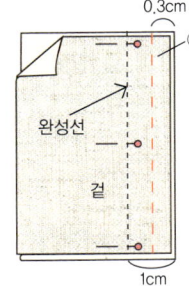

①봉합
천을 안과 안이 서로 마주보게 겹쳐 완성선보다 시접 쪽에 더 가깝게 봉합합니다.

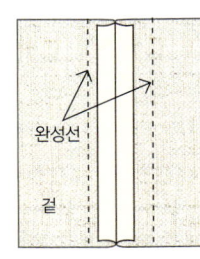

천을 펼쳐 시접을 다림질해 가름솔로 다립니다.

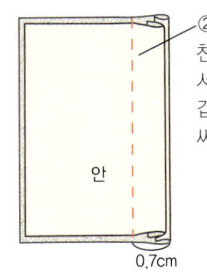

②봉합
천을 겉과 겉이 서로 마주보게 겹쳐, 시접을 감싸 봉합합니다.

❀ 바이어스 처리

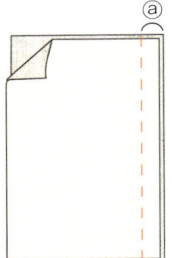

천을 겉과 겉이 서로 마주보게 겹쳐 봉합합니다.

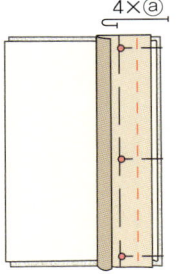

바이어스테이프를 고정시키고 봉합합니다.

바이어스테이프로 시접을 감싸고, 테이프의 끝단에 봉합을 합니다.

천에 따른 취급 방법의 노하우

▸ **두꺼운 천**
데님이나 캔버스 등의 두꺼운 천은 겹쳐서 재단하면 삐뚤어지기 쉬우므로 한 장씩 재단하는 것이 좋습니다. 두꺼운천 용도의 바늘로 실의 장력은 상하 모두 조금 느슨하게, 봉합땀은 크게 설정하고 여분의 시접은 가능하면 잘라둡니다.

▸ **얇은 천**
론이나 보일, 오간자 등의 소재는 투명감이 있는 가벼운 소재감이 특징이기 때문에 봉합땀도 부드럽게 완성됩니다. 노루발의 압력을 조절할 수 있는 미싱은 압력을 작게 하면 좋습니다. 봉합땀이 우글거릴 때에는 기름종이나 트레이싱 페이퍼 등의 얇은 종이를 깔아 천과 함께 봉합하고, 나중에 봉합땀을 따라 떼어냅니다.

▸ **늘어나는 소재**
니트 전용으로 끝이 둥근 바늘을 사용하여 천을 조금씩 당기면서 봉합을 합니다. 실의 장력은 상하 모두 조금 느슨하게, 봉합땀은 조금 작게 설정해두면 좋습니다. 또한 직선봉합이라면 직물의 신축성에 실이 따라가지 못해 사용 중 끊어질 수 있지만, 지그재그 봉합이나 니트 스티치라면 안심할 수 있습니다. 늘어나기 쉬운 부분에는 접착테이프 심지 등을 추천합니다.

▸ **털이 있는 소재**
코듀로이나 벨벳, 퍼 등의 소재는 털이 눌리지 않도록 주의합니다. 이러한 종류의 직물에도 결 방향이 있어 털이 누워있는 쪽과 서있는 쪽이 있습니다. 한 방향으로 털의 결이 맞춰질 수 있도록 재단하세요. 다림질은 너무 누르지 않도록 털의 결방향에 맞게 스팀으로 다림질합니다.

세 상 에 서
가 장 아름다운
우리 공주님을 위한
여 아 한 복

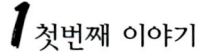

첫번째 이야기

여아 저고리와 겹치마, 그리고 털배자

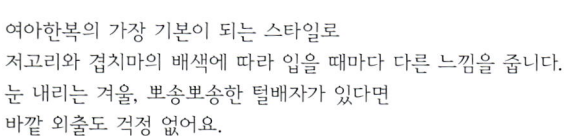

여아한복의 가장 기본이 되는 스타일로
저고리와 겹치마의 배색에 따라 입을 때마다 다른 느낌을 줍니다.
눈 내리는 겨울, 뽀송뽀송한 털배자가 있다면
바깥 외출도 걱정 없어요.
화려한 노리개 장식과 뱃씨댕기는 전통의 멋을 살려준답니다.

여아저고리

우리 공주님이 입을 아이저고
리입니다. 치마색상에 맞춰 기
호에 따라 깃, 고름에 금박, 은
박을 장식해주면 더욱 화사한
저고리가 완성됩니다.
—how to make P.48

겹치마

저고리와 함께 기본이 되는 형
형색색의 겹치마. 겉자락과 안
자락을 겹쳐서 입는 디자인으
로 여유있고 풍성한 실루엣을
연출할 수 있습니다.
—how to make P.52

털배자

추위를 막기 위해 저고리 위에
덧입었다는 털배자입니다. 따뜻
함 뿐만 아니라 고급스러운 느
낌으로 연출할 수 있습니다.
—how to make P.58

2 두번째 이야기
삼회장저고리와 겹치마

여아 기본 저고리보다 손이 더 많이 가는 만큼
더욱 고급스러운 멋이 나는 삼회장저고리입니다.
깃과 곁막이가 포인트인 삼회장저고리에
치마색상과 동일한 색의 고름을 달아주면 더욱 아름답습니다.

삼회장저고리

깃, 곁막이, 끝동, 고름에 각각
다른 색깔의 천을 댄 삼회장 저
고리. 일반적으로 자주색 원단
을 포인트로 더해 고운 한복 색
감의 조화를 보여줍니다.
—how to make P.66

겹치마

저고리와 함께 기본이 되는 형
형색색의 겹치마. 겉자락과 안
자락을 겹쳐서 입는 디자인으
로 여유있고 풍성한 실루엣을
연출할 수 있습니다.
—how to make P.52

3 세번째 이야기
당의와 조끼허리 홍치마

금박과 보장식의 화려함을 더해 고급스러움을 살린 당의입니다.
스란단을 덧댄 치마는 당의의 아름다움을 한층 더해줍니다.

당의

아름다운 길의 곡선이 매력적
인 당의 저고리. 격식있는 자
리나 전통의 멋을 부리고 싶을
때 만들어 우리 아이에게 입혀
주세요.
–how to make P.60

조끼허리 통치마

자락치마에 앞트임 조끼허리를
달아 완성된 통치마입니다. 치
마 밑단에 금박의 스란단을 덧
댄 디자인으로 아름다운 궁중
애기씨가 된 우리아이를 상상
해보세요.
–how to make P.71

4 네번째 이야기

퓨전저고리와 겹치마

전통한복에 비해 간편하게 제작할 수 있는
퓨전저고리는 특별한 날에 그 어느 아이보다
우리아이를 돋보이게 해줍니다.
넉넉한 품의 겹치마는
아이들의 활동을 편하게 해줍니다.

퓨전저고리

퓨전스타일로 한복의 느낌을
살린 퓨전저고리입니다. 다양
한 보장식은 옷마다 색다른
느낌을 줍니다. 명절뿐만 아
니라 특별한 가족모임에 꼭
만들어 입혀주세요.
—how to make P.74

겹치마

저고리와 함께 기본이 되는 형
형색색의 겹치마. 겉자락과 안
자락을 겹쳐서 입는 디자인으
로 여유있고 풍성한 실루엣을
연출할 수 있어요.
—how to make P.52

5 다섯번째 이야기

여아한복을
돋보이게 하는
한복 장신구

버선, 조바위, 프레임파우치 한복의 전통적인 멋에 맛을 더해주는 장신구 착용은
예를 갖춘 아이들의 한복스타일을 완성합니다.

18

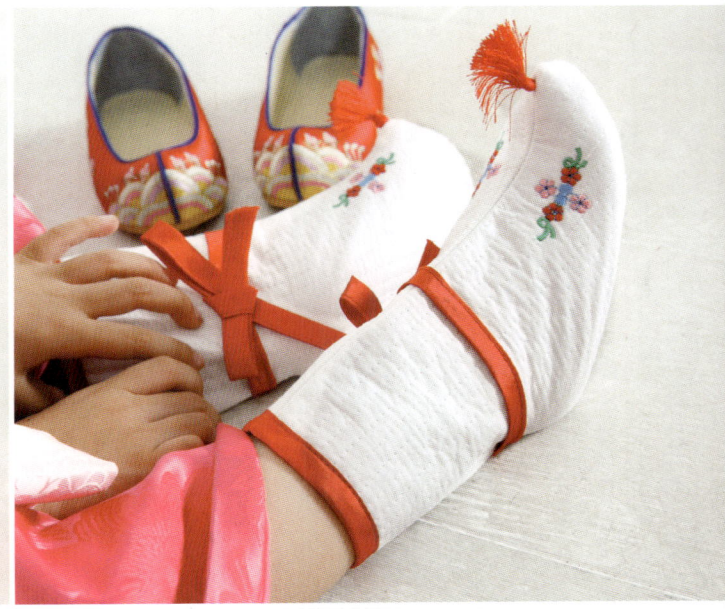

버선

보기만 해도 아름다운 타래버선입니다. 우리아이의 앙증맞은 발을 따뜻하게 해 주는 착한 아이템으로 간단하게 완성해 보세요.

–how to make P.80

조바위

겨울이면 아이들의 빠질 수 없는 한복소품인 조바위입니다. 술장식과 화려한 진주장식이 더해져 우리 아이를 더욱 돋보이게 합니다.

–how to make P.78

프레임 파우치

한복을 더욱 돋보이게 하는 프레임 파우치는 전통적인 누비원단에 보, 자개장식을 더해 전통스러운 멋을 냅니다.

–how to make P.82

19

세 상 에 서
가 장 멋 진
우리 왕자님을 위한
남 아 한 복

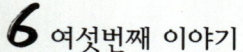

6 여섯번째 이야기
남아 저고리와 사폭바지,
그리고 배자

남아한복의 가장 기본이 되는 스타일로
저고리와 사폭바지의 색감조화에 따라
각각 다른 느낌을 줄 수 있습니다.
우리아이에게 잘 어울리는
한복의 배색으로 한복의 美를 느껴보세요.
배자의 색상 선택은 저고리의 거들지와 맞추면
좋은 조화를 이룹니다.

남아저고리

어른 저고리와 비슷한 디자인의
우리 왕자님 저고리입니다. 여러
가지 자수장식을 겉섶에 달아
주어 만들 때마다 색다른 느낌
을 즐겨보세요.
—how to make P.84

사폭바지

개구쟁이 우리아이를 도령처럼 보
이게 하는 바지입니다. 넉넉한 품
의 사폭바지는 매듭단추를 달아
밑단을 고정해주세요.
—how to make P.55

배자

조끼모양의 저고리 위에 덧
입는 남아배자. 앞길에 화려
한 자수장식의 여밈을 달아
포인트를 주세요.
—how to make P.88

7 일곱번째 이야기
색동저고리와 사폭바지,
그리고 배자

아이들의 건강과 복의 기원을 담아 짓는
색동저고리입니다.
색동은 주로 자투리를 재활용하여
만든것으로, 작은 천 하나하나
소홀히 하지 않은 우리 조상들의 지혜를
배울 수 있습니다.
저고리와 같은 계열 색상의 사폭바지에
어두운 색상의 배자로 조화롭게 입혀주세요.

남아 색동저고리

홍, 백, 청, 황색 등 여러가지 색상의 조화가 아름다운 색동저고리. 잡귀를 막고 아이의 건강과 복을 기원한다는 의미를 담아 손수 만들어주세요.

—how to make P.92

사폭바지

개구쟁이 우리아이를 도령처럼 보이게 하는 바지입니다. 넉넉한 품의 사폭바지는 매듭단추를 달아 밑단을 고정해주세요.

—how to make P.55

배자

조끼모양의 저고리 위에 덧입는 남아배자. 앞길에 화려한 자수장식의 여밈을 달아 포인트를 주세요.

—how to make P.88

8 여덟번째 이야기

오방장 두루마기와 저고리, 그리고 사폭바지

외출을 하거나 예를 갖추어야 할 때 입는
다섯 가지 빛깔을 넣어 지은
우리아이의 두루마기에는
차분한 색감의 사폭바지가 잘 어울립니다.

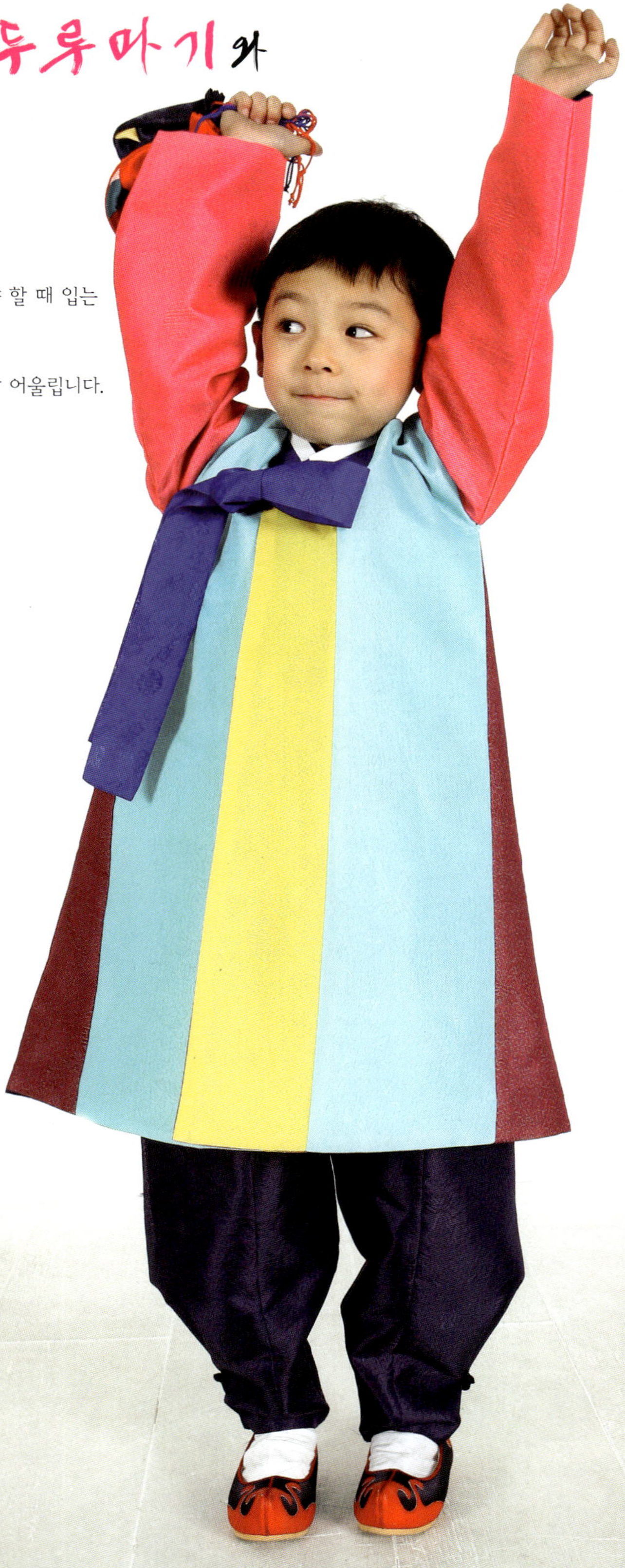

오방장 두루마기

오방위를 뜻하는 다섯가지 색깔로 옷을 지었다하여 이름이 붙여진 오방장 두루마기. 추위도 막고 격식도 갖출수 있어 겨울이면 꼭 필요한 아이템입니다.

—how to make P.94

남아 저고리

어른 저고리와 비슷한 디자인의 우리 왕자님 저고리입니다. 여러가지 자수장식을 겉섶에 달아주어 만들 때마다 색다른 느낌을 즐겨보세요.

—how to make P.84

사폭바지

개구쟁이 우리아이를 도령처럼 보이게 하는 바지입니다. 넉넉한 품의 사폭바지는 매듭단추를 달아 밑단을 고정해주세요.

—how to make P.55

9 아홉번째 이야기
전복과 저고리,
그리고
사폭바지

화려한 금박을 입힌 깔끔한 선이 매력적인 전복은
우리아이를 도령처럼 보이게 합니다.
술 장식이 달린 끈을 묶어 여며주세요.

전복

조선시대 무관의 대표적인 융복
이었다는 전복. 우리아이를 잘
생긴 도령처럼 보이게 합니다.
—how to make P.102

남아 저고리

어른 저고리와 비슷한 디자인의
우리 왕자님 저고리입니다. 여러
가지 자수장식을 겉섶에 달아주
어 만들 때마다 색다른 느낌을
즐겨보세요.
—how to make P.84

사폭바지

개구쟁이 우리아이를 도령처럼
보이게 하는 바지입니다. 넉넉
한 품의 사폭바지는 매듭단추
를 달아 밑단을 고정해 주세요.
—how to make P.55

남아한복을 돋보이게 하는
한복 장신구 복건, 복주머니

전복과 같이 착용해야 하는 복건은 아이의 머리둘레에 맞게 잘 여며줍니다. 우리아이를 향한 사랑과 행복을 듬뿍 담아 복주머니를 만들어주세요.

복건

전복을 더욱 멋스럽게 입고 싶
다면 꼭 필요한 복건입니다. 위
는 둥글고 뾰족하게 만들면서
양옆 끈을 뒤로 묶어 씌워주면
우리 아이를 왕자님처럼 보이
게 합니다.
—how to make P.98

복주머니

우리아이의 건강과 복을 듬뿍
담은 복주머니. 허리에 둘러매
거나 가지고 다녀도 예쁜, 실
용적인 멋내기 아이템입니다.
—how to make P.100

11 열한번째 이야기
태어나서 처음 입는 우리 아이 옷
배넷저고리

처음 숨을 쉬고, 처음 눈을 마주치고, 처음 만져보는 배넷저고리. 한 땀 한 땀 정성과 사랑을 다해 너에게 선물할게.

배냇저고리 아기가 태어나서 처음 입는 옷. 배냇저고리. 친환경 오가닉원단에 아이를
사랑하는 마음을 듬뿍 담아 무병장수를 기원해요.
—how to make P.105

전통한복을 알아가는 시간

한복의 소재

한복은 보통 본견(실크)으로 만든 것을 최고로 여깁니다. 본래 고대 한국에는 목면이 생산되지 않다가 고려시대 문익점이 그 씨앗을 가져와서 생산이 시작되었다고 합니다. 그 이전에는 삼베와 모시가 서민들의 복식 재료였고, 실크는 상류층의 복식 재료였습니다.

실크는 갑사, 숙고사, 자미사 등의 사류와 항라와 같은 라류, 모본단, 양단 등과 단류가 있는데, 사는 얇으면서 화려한 짜임의 무늬가 있는 천을, 라는 무늬가 단순하면서 잘 비치는 천을, 그리고 단은 광택감이 좋고 밀도가 높으면서 부드러우면서 화려한 천을 말합니다.

모본단, 공단 등은 광택감이 있고, 표면에 무늬가 있거나 없는 차이로 명칭은 달라지고 밀도감이 있는 매끈한 조직으로 봄, 겨울, 가을에 사용하는 원단입니다.

국사, 숙고사, 갑사, 항라, 노방 등은 조직의 무늬감이 조금씩 다르지만 모두 얇으면서 빳빳한 느낌이 있는 재질로 주로 봄, 여름, 가을 소재로 많이 사용됩니다.

모시와 삼베는 모두 한국 땅에서 오래전부터 피복의 재료로 사용된 원단으로 현재는 주로 여름 한복 소재로 많이 쓰입니다. 모시는 발이 가늘고 고운 것을 상품으로 치고 그 품질에 따라 가격의 차이가 매우 커서 고급 소재로 사용됩니다. 무명은 면실을 이용해서 거친 조직으로 만든 천으로 최근 그 사용이 많지는 않지만 독특하고 자연적인 느낌으로 중·고가 가격대의 직물입니다.

Tip

사실 천의 이름은 그 상품을 개발한 업체에서 짓는 경우가 많습니다. 따라서 사, 라, 단 등의 끝 명칭을 기억하면 됩니다. 실크는 세탁 시 반드시 드라이크리닝을 해야 하고, 오염물이 쉽게 제거되지 않는 등의 단점이 있으므로 착용과 보관 시에 유의해야 합니다. 물실크는 합성섬유를 실크와 같은 느낌으로 만든 것으로, 드라이 세탁이 불필요하고 관리가 용이하므로 최근 실크를 빠르게 대처하고 있습니다.

체촌이란?

신체치수 측정을 의미하며, 정확한 신체 사이즈 측정을 통해 몸에 맞는 옷을 제작할 수 있습니다. 패턴을 제작해야 하는 경우에는 체촌을 구체적으로 해야하지만 본 책에서는 아동의 키에 따라 잘 맞는 패턴이 있으므로 선택하여 베껴서 사용합니다.

🌸 주요 체촌 기준점

뒷 목 점 : 총길이, 등길이, 저고리 길이, 두루마기 길이 등을 잴 때의 기준점이 됩니다. 고개를 숙였을 때 튀어나오는 7번째 목등뼈의 중심점으로 고개를 숙여서 위치를 확인한 후 고개를 들고 표시합니다.

어 깨 끝 점 : 옆에서 보아 팔의 제일 굵은 부분을 이등분한 수직선이 진동둘레선과 만나는 점입니다. 화장을 잴 때 반드시 지나쳐야 합니다.

손 목 점 : 화장을 잴 때의 기준점이 되는 점으로 손목의 뒤 바깥 쪽에 있는 손목뼈에서 가장 튀어나온 중심점입니다.

🌸 만드는데 중요한 실 치수 재기

총 길 이 : 뒷목점에서 일직선으로 지면까지 늘여 뜨려 잰 길이.

가 슴 둘 레 : 가슴의 제일 높은곳을 넉넉하게 돌려 잰 길이.

허 리 둘 레 : 대상자를 계측자가 정면에서 봤을 때 허리가 가장 들어간 지점의 둘레를 지면과 수평으로 맞춰 측정하는 길이. 일반적으로 바지를 입는 둘레와 같습니다.

엉덩이둘레 : 엉덩이의 제일 굵은 곳을 넉넉하게 돌려 잰 길이.

등 길 이 : 뒷목점부터 허리둘레선까지 수직으로 잰 길이로 저고리 길이를 위한 기준이 되는 길이.

화 장 : 뒤에서 팔을 옆으로 30도 각도로 들고 뒷목점~어깨끝점~손목까지 측정한 길이로 저고리 뒷중심~수구까지의 길이를 결정.

바 지 길 이 : 허리에서 지면까지 잰 후 10cm를 더한 길이.

저고리길이 : 남자의 경우 등길이에서 15~20cm를 더한 치수를 기준으로 하며 여자는 유행에 따라 저고리의 길이가 달라지므로 뒷목점에서 원하는 길이까지 잽니다.

치 마 길 이 : 총 길이에서 저고리 뒷길이보다 2cm를 낮게 한 치수만큼 뺀 길이. 아이들은 저고리 뒷길이보다 2.5cm를 짧게 잽니다.

가슴둘레 · 허리둘레 · 엉덩이둘레 · 총길이 · 화장 · 등길이

🌸 사이즈표

구분　　　명칭	키	가슴둘레	화장	엉덩이둘레
90(2~3세)	80~90	50	36.5	54
100(3~4세)	90~100	52	43	57
110(5~6세)	100~110	56	50.5	60
120(7~8세)	110~120	60	55	63
130(8~9세)	120~130	64	58	66

머리가 단정해야 옷이 산다
댕기 이야기

댕기는 길게 땋은 머리 끝에 드리우는 장식용 천입니다. 머리카락이 흩어지지 않게 하기 위해 단정하게 묶을때 주로 사용하지만, 소품 하나하나에 의미를 부여하는 우리 조상들은 금박, 보석, 수실을 장식하여 수복, 부귀, 다남의 소망을 담고 있습니다. 아이들에게 잘 어울리는 댕기 4가지를 소개합니다.

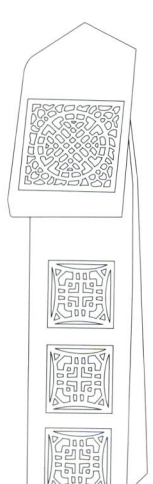

제비부리댕기 양 끝이 제비부리처럼 삼각형으로 뾰족하게 된 댕기. 머리를 거의 다 땋은 뒤에 댕기의 중간을 머리에 물리고 두세 번 땋아 고를 낸 다음 댕기의 한쪽 끝으로 땋은 머리를 두어 바퀴 돌려 묶어 내립니다. 여자 아이나 처녀, 총각들이 사용하였으며 빛깔은 주로 다홍색이며 뒷댕기로 씁니다.

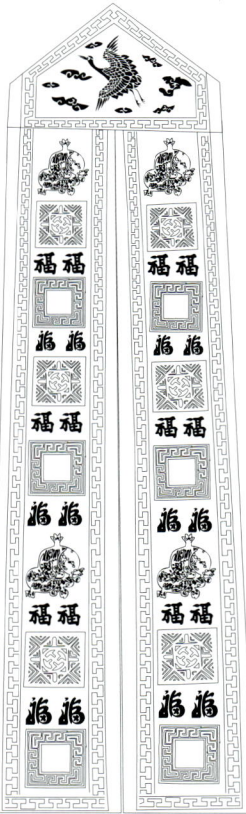

도투락댕기 어린 계집아이가 드리우는 댕기로 긴 직사각형의 자주색 댕기를 두 폭이 나란히 되도록 반으로 접어, 접힌 위쪽이 세모꼴이 되게 합니다. 여기에 조그마한 끈을 달아 머리가 채 자라지 않은 어린아이의 뒤통수에 바짝 달아 맵니다.

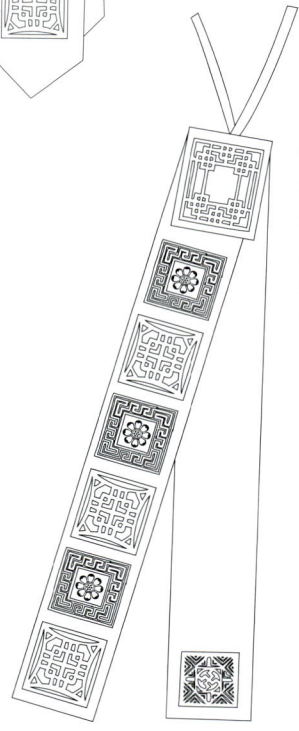

말뚝댕기 어린이용으로 도투락댕기와 비슷한데, 여자아이의 길게 땋은 머리 끝에 드리우는 끈입니다. 네모진 댕기를 반으로 접은 후, 접은 곳에 끈을 달아 머리에 매다는 형태로 길고 넓적하며 윗부분이 말뚝처럼 삼각형 모양입니다.

뱃씨댕기 서너살 가량 여자아이들이 종종 머리를 땋을 때 앞 가르마에 장식용으로 사용합니다. 장식을 이마 위 앞머리에 놓고 끈 두개(양쪽)를 이용하여 아이의 머리와 함께 땋아주면 됩니다.

색동저고리에 얽힌 이야기

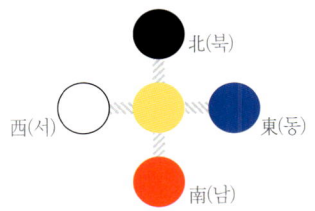

오방색을 기본으로 배합된 색동저고리에는 음양오행설에서 비롯된 상징성이 깃들어 있습니다. 오방색이라 불리는 다섯가지 색은 남쪽은 적색(火), 북쪽은 흑색(水), 동쪽은 청색(木), 서쪽은 백색(金), 중앙은 황색(土)입니다. 색동은 오행색을 중심으로 분홍과 초록 등 한 두가지 색이 가미되기도 하며, 흑색은 음을 상징한다고 하여 제외됩니다. 색동의 의미는 액운을 피하고자 함과 동시에 음양오행과 관계된 색 배열을 원리로 합니다.

아이들에게 좋은 기운과 뜻을 담아
전통문양

우리 조상들은 예부터 인간 자신의 행복과 평화를 염원하는 의미를 자연에 있는 식물과 동물을 상징하여 옷에 새겨 넣었습니다. 문양은 그 소재가 무엇인가에 따라 짐승, 조류, 곤충, 기하 문양 등 여러 가지가 있습니다.
이 중 아이들 옷에 많이 쓰이는 문양으로는 행복의 상징으로 여겨지는 박쥐문. 오래 살면서 복을 누리기를 바라는 뜻이 담겨있는 수(壽)자문. 번영을 의미하며 미호와 행복의 상징으로 애호되고 사용한 목단문(모란꽃 문양). 낯설지 않은 과일 '천도 복숭아' 처럼 3천년 만에 한번 꽃이 피고 3천년 만에 열매를 맺는다고 하여 3천 갑자 동방삭도 이 복숭아를 훔쳐 먹고 오랫동안 살았다고 하는 장수를 의미하는 복숭아문. 붉은 주머니 속에 빛나는 씨앗들이 들어 있어 다산을 연상시키고 맛 또한 시어서 임산부들의 구미에 알맞아 아들 생산이라는 염원과 기대를 담은 석류문. 도식화된 물결 문양으로 '산수복해'의 복해를 상징하기도 하며 흉배 문양이나 왕복 등 주로 권위를 상징하는 복식에서 찾아볼 수 있는 수파문. 잔인하고 탐욕스럽지만 용맹스럽고 위엄이 있어 병을 막아주고 복의 기운을 상징한다는 호랑이문.
이렇게 여러가지 전통문양은 옷에 장식효과와 더불어 우리 자손의 건강과 행복을 바라는 조상들의 지혜를 잘 보여주는 것이라 할 수 있습니다.

한복에 어울리는 소품
노리개

한복 저고리의 고름이나 치마 허리 등에 차는 장식으로 한복 고유의 미를 한층 더 강조해 줍니다. 화려하고 섬세하며 종류 또한 다양해서 궁중에서 일반 평민에 이르기까지 모든 여자들이 즐겨 차던 장식품입니다.
재료는 금, 은, 동 등의 금속류와 옥, 자마노, 밀화, 산호, 진주 등의 보석류를 사용하여 동물 문양이나 식물 모양 등 여러가지 모양으로 만들었습니다. 노리개 몸체에는 비취, 산호, 호박 등의 보석에 행복, 무병장수, 다남, 복 등을 상징하는 문양을 넣어 소박한 염원을 빌기 위해 달거나 향갑, 향낭, 침낭, 장도와 같이 실용적인 면에서 찬 것도 있습니다.
아이들의 경우에는 길이를 짧게 하여 달아 주면 귀여움을 한층 높여 줍니다.

한복만이 가지고 있는
특별한 이야기 **한복의 특이성**

전복

무

서양복과 전통한복의 차이

서양복과 전통한복의 차이를 한마디로 정리하기는 쉽지 않습니다. 먼저, 형태적인 면에서 한복은 평면적입니다. 몸의 형태에 맞춰서 재단하지 않기 때문에 벗었을 때 평면의 형태를 나타냅니다. 하지만 서양복은 소매와 몸판이 연결되는 어깨둘레의 형태가 몸의 형태에 맞춰서 곡선으로 재단됩니다. 그리고 섶과 무가 있습니다. 한복에는 앞판 좌우에 섶이 달리고, 길이가 긴 상의에는 옆쪽에 무가 달립니다. 식서의 방향 또한 다른데 몸판은 동일하지만 소매는 그 방향이 반대입니다. 그 이유는 역사 속에서 전해 내려온 전통으로 원단을 최소로 아낄 수 있는 방법이 아니었나 하는 추측이 듭니다.
한복은 안감과 겉감을 연결하는 방법이 매우 특이합니다. 저고리, 바지, 버선 등이 서양복과 매우 다릅니다. 한복을 만들어보면 우리 선조들의 현명함에 감동을 받게 됩니다. 직접 만들어보면서 조상의 지혜를 느껴보세요.

섶

당의

전통한복과 생활한복의 차이

시대가 흐르면 그 시대의 문화가 몸에 배게 됩니다. 지금의 생활한복은 세월이 흐르면 전통한복이 될지도 모릅니다. 생활한복은 서양복의 소재와 패턴의 장점을 한복에 도입하여 착용감과 편리성을 높이고 간소화한 한복들입니다.
고름 등을 생략하고, 허리에는 고무줄을 넣고, 바지를 대소 사폭과 마루폭으로 나누지 않는 등이 그 특징이라 할 수 있습니다. 과거에 민초들이 착용했던 한복들과 큰 차이가 없었을 겁니다.
산업화가 되면서 민초들의 한복은 서양복으로 대체되고, 전통한복만 기념일에 입는 특수하고 어려운 옷으로 고착화되면서 현대에 이와 다른 형태의 한복을 생활한복이라 불리게 되었습니다.

섶   뒷중심선

한복 속에 있는
섶과 뒷중심선 이야기

현대에는 다양하고 넓고 큰 직물이 넘쳐납니다. 매일같이 유행을 창조하고 따라가기 위해 열심히 새로운 상품들을 만들고 있습니다. 하지만 옛날에는 직물을 '베' 라고 불렀고, 이 '베' 는 수날 수달을 밤 새워 베틀과 씨름해야만 만날 수 있는 아주 귀한 존재였습니다. 이러한 고충이 표현된 것이 바로 조각보자기입니다. 일부러 계획되어 수많은 조각을 이어서 만든 것처럼 보이지만, 생활속에서 남은 작은 천조각도 아까워 이를 모아서 만든 것입니다.

특히 옛날에는 오늘날과 같이 폭이 넓은 직물이 존재하지 않았습니다. 따라서 그 폭은 너무 좁아 20~30cm의 폭으로 네 폭이 모여야 비로소 몸을 감쌀 수 있었습니다. 원단을 아끼기 위해서 양 옆구리를 연결하고, 앞 중심의 여밈 부분에 덧대는 천을 붙여주면 옷으로 만들 수 있었는데 이것이 바로 섶 존재의 이유입니다. 따라서 오늘날의 상황에서는 섶은 불필요할 수도 있습니다. 하지만 섶 끝과 깃이 만나는 부분이 내는 한복의 독특한 맛을 포기한다면 한복의 느낌을 살리기 힘들겠죠?

뒷중심선이 있는 이유도 이러한 폭이 좁은 직물 때문입니다. 최근 생활한복 등에서는 이러한 뒷중심선을 생략하고 골선으로 1장 재단하는 경우도 많습니다.

마루폭   큰사폭   마루폭
작은사폭

한복에 큰사폭과 작은사폭,
마루폭이 있는 이유는

이 또한 직물과 관계가 높습니다. 큰사폭, 작은사폭 그리고 마루폭을 1장으로 재단하여 사용하여도 무관하지만 옛날에는 원단 폭이 좁아서 그렇게 할 수가 없었습니다. 따라서 큰사폭과 작은 사폭은 원단을 최소로 절약할 수 있는 형태로 패턴이 완성된 것입니다.

만들 때마다 다른 느낌을 주는 **한복의 배색**

한복의 느낌은 배색에 따라 많은 변화가 생깁니다. 배색은 유사색 배색과 보색 배색으로 나눠지는데 유사색 배색은 차분하고 정갈한 느낌을 주고, 보색 배색은 상반된 색상의 느낌으로 경쾌하고 강렬한 이미지를 줍니다. 일반적으로 유사색은 나이가 많은 노년층에서, 보색 배색은 젊은 층에서 많이 사용됩니다.

여성 한복의 배색

여성은 결혼하기 이전에는 다홍색 치마에 노랑 저고리를, 결혼 후에는 남색치마에 노랑색이나 미색 저고리를 입었습니다. 현대적인 감각을 더한 배색에는 하늘색 치마에 분홍색 저고리나 파란색 저고리에 빨간색 치마를 배색하여 입습니다.

레몬골드
올드퍼플
p.체리핑크

레몬골드
네이비

C.아이보리
올드퍼플
네이비

스카이
p.체리핑크

베이비핑크
올드퍼플
스카이

연두
오리지널 레드

남성 한복의 배색

남성은 바지와 저고리에 옥색, 연분홍, 살색, 백색, 아이보리 색상을 동색이나 배색으로 만들고, 조끼나 마고자를 먹자주, 남색, 수박색, 검정색 등으로 하여 배색을 합니다. 젊은 층에서는 연갈색이나 연청색, 카키색 등의 색상도 바지와 저고리에 사용합니다.

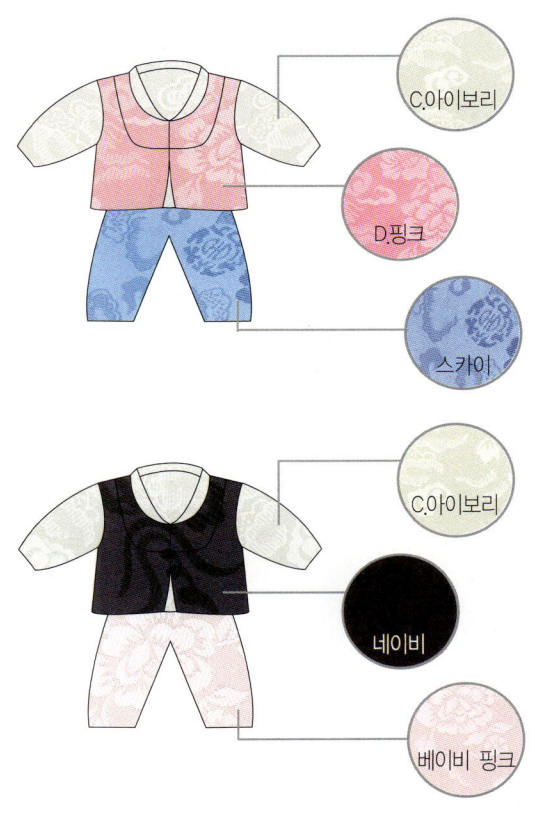

Tip

배색을 할 때에는 기본이 되는 색과 강조가 되는 색과의 조화를 고려해야 합니다. 따라서 큰 면적을 차지하는 기본색이 본인의 피부색과 분위기에 맞지 않으면 아무리 색 자체가 좋아도 그 옷은 어울리지 않게 됩니다. 그러므로 자신에게 맞는 기본색을 주조로 하여 배색을 하는 것이 중요합니다.

색으로 만드는 우리 옷 한복의 전통색상

모본단
가을, 겨울, 봄 한복에 좋은 원단.

| 레드 | p.체리핑크 | D.핑크 | 베이비핑크 | c.아이보리 | 레몬골드 |

| D.스카이 | 로얄블루 | d.네이비 | 블랙 | 화이트 |

국사
늦봄, 여름, 초가을 한복에 좋은 원단.

| 딥퍼플 | 레드브라운 | 오리지널레드 | 체리핑크 | D.라이트핑크 | d.베이비핑크 |

| 화이트 | 블랙 | P.네이비 | 씬블루 | 아이스민트 | 그린 |

| 아이보리 |

미술단
늦봄, 여름, 초가을 한복에 좋은 원단

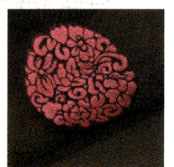 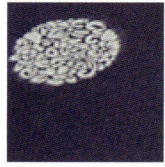 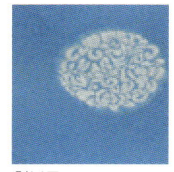 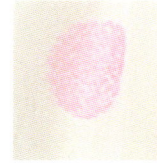 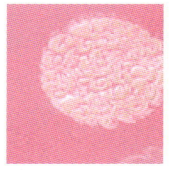  

| 블랙 | 네이비 | 청블루 | I.화이트 | 핑크 | 레드 | 옐로우 |

위의 한복원단은 패션스타트(www.fashionstart.net)에서 구입하실 수 있습니다.
상품명 : 모본단 – 황진이 양단 한국의 美 / 국사 – 국사 연화단 / 미술단 – 고급 실버 자카드 미술단

How to make
이해하기 쉬운
사진 제작 설명서

1 여아저고리 본문 p.12 / 패턴 C면

어른의 저고리와 형태가 같으며 깃, 고름, 끝동에는 금박이나 은박을 찍어 화려하게 장식한다.

[재료]
시접을 포함하여 재단 시 준비하는 사이즈
겉감
- 길과 소매 55cm폭 * 180cm
- 깃과 고름감 55cm폭 * 70cm

- 거들지감 55cm폭 * 45cm
안감 110cm폭 * 90cm
소잉 심지 110cm폭 * 90cm
스냅단추 1세트
기타 자수 장식
- 금, 은박 2.5cm폭 * 150cm

1 재단하기
*겉감은 고름을 제외하고 길과 섶, 깃, 소매에 소잉심지를 붙인 후 시접은 전부 1cm씩 주고 재단합니다.

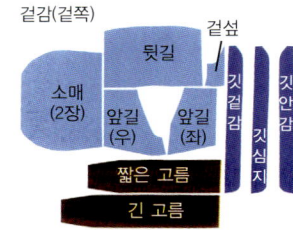
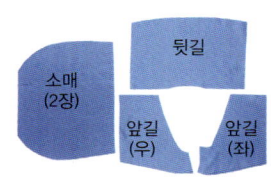
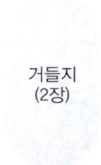

1 좌우 앞길 각 1장, 뒷길 1장, 소매 2장, 깃겉감 1장, 깃안감 1장, 깃 심지 1장, 긴 고름, 짧은 고름 각 1장, 겉섶 1장, 거들지 좌우 각 1장을 재단한다.

2 안감도 동일하게 재단하되 앞길(좌)와 겉섶을 붙여 함께 재단한다.

3 거들지 좌우 각 1장을 재단한다.

2 겉감 만들기

1 겉섶과 앞길(좌)의 겉과 겉을 대고 겉섶선을 봉합한다.

2 시접은 섶쪽으로 다린다.

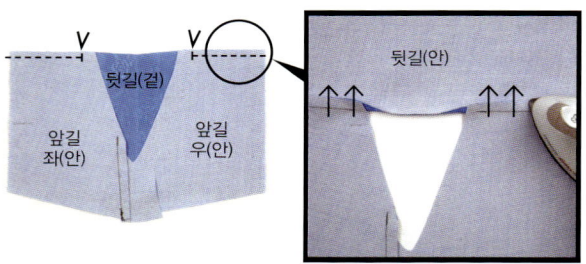
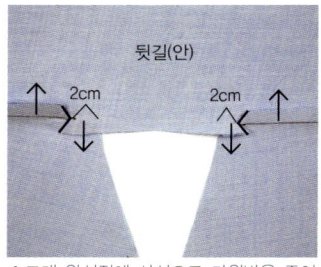
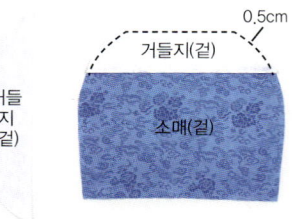

3 앞길과 뒷길의 겉과 겉을 맞추어 어깨선을 고대 완성점~진동시접 끝까지 봉합한다. 이때 봉합한 곳이 풀리지 않도록 되돌아 박고 시접은 뒷길 쪽으로 꺾어 다림질한다.

4 고대 완성점에 사선으로 가윗밥을 주어 사진과 같이 다려준다.

5 사진과 같이 거들지의 안과 안을 맞대어 접어준다. 접은 거들지의 겉과 소매의 겉을 맞대고 소매 끝 시접에 0.5cm 폭으로 시침한다.

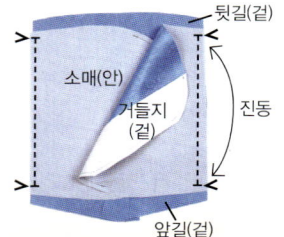
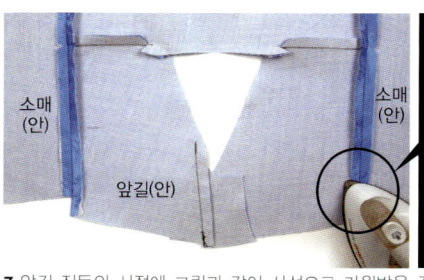
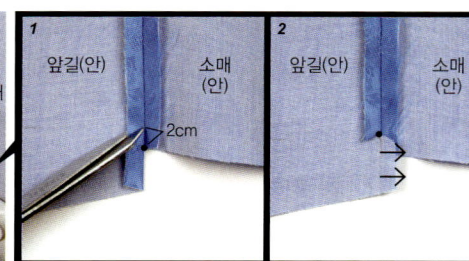

6 길의 어깨선과 소매를 겉끼리 맞대고 중심선을 맞춰서 시접을 제외한 그림에 표기된 완성선까지만(진동 끝점) 봉합한다. 끝부분은 풀리지 않도록 되돌아 박는다.(※소매끝동과 소매진동을 잘 구분하여 실수하지 않도록 주의한다)

7 앞길 진동의 시접에 그림과 같이 사선으로 가윗밥을 주고 겨드랑이쪽 시접은 소매 쪽으로 꺾어 다린다.

3 안감 만들기

4 겉감과 안감 연결하기

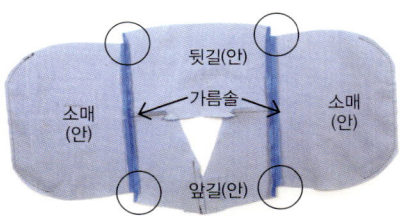

8 앞뒷길 4곳의 겨드랑이 모두 **7**과 동일하게 작업한다.

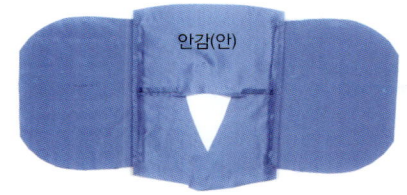

1 겉감과 같은 방법으로 어깨와 소매를 달아준다. (섶 연결만 제외하고 모두 겉감과 동일)

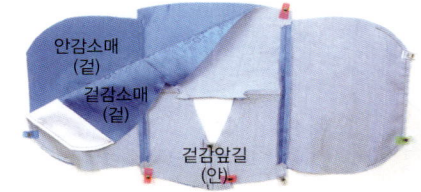

1 안감의 겉과 겉감의 겉을 맞닿게 놓는다.

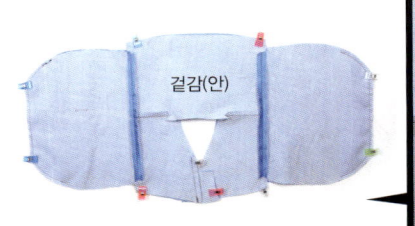

2 안감의 겉과 겉감의 겉을 맞닿게 놓고 고대, 뒷중심, 어깨선을 맞추어 수구, 도련선을 봉합한다. 소매는 완성선까지만 봉합한다. (시접은 봉합하지 않는다.)

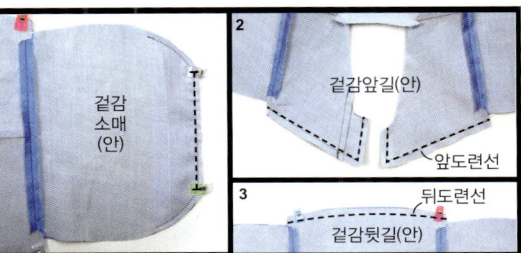

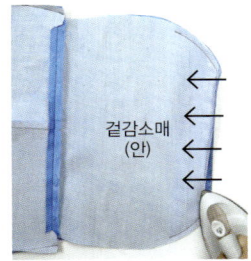

3 앞뒤 도련선의 시접은 겉감 쪽으로 꺾어 다린다.

4 양쪽 수구의 시접도 겉감 쪽으로 꺾어 다린다.

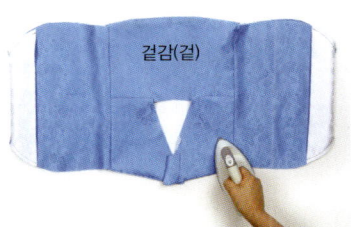

5 뒤집어서 겉쪽에서 한번 다려준다.

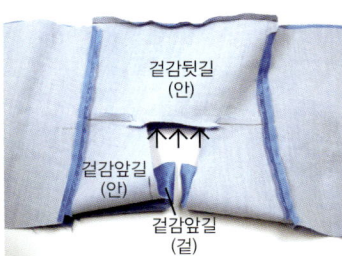

6 다시 안으로 뒤집어 앞길만 뒤집는다.

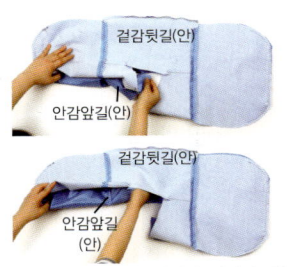

7 뒤집은 앞길을 뒷길의 겉감과 안감 사이로 밀어 넣는다.

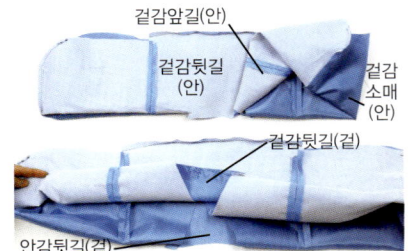

8 겉감과 안감의 소매는 각각 중심선을 접어 사진과 같이 네 겹이 되게 접어준다.

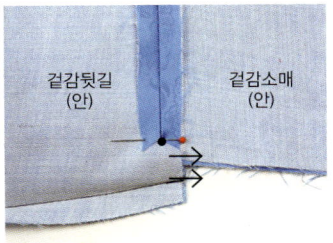

9 네 겹의 겨드랑이 점과 수구 끝을 잘 맞추어 손으로 시침한다.

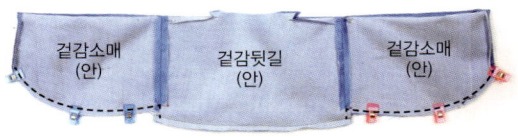

10 사진과 같이 네 겹의 배래선을 수구에서부터 진동 끝점까지 봉합하고 풀리지 않게 되돌아박는다. 봉합한 시접은 모두 겉감 쪽으로 꺾어 다려준다. 겨드랑점 부분 몸판 옆선 시접과 소매 시접이 겹쳐서 봉합되지 않도록 주의한다.

5 깃 만들어 달기

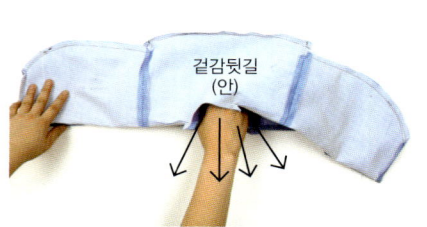

11 고대 쪽에서 손을 넣어 겉으로 뒤집는다. 수구와 도련으로 안감이 밀려나오지 않게 잘 펴서 겉쪽에서 다린다.

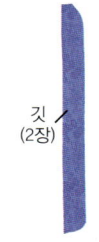

1 깃겉감 2장을 겹쳐 손바느질로 시침질하여 고정해준다.(깃겉감 1장이 심지 역할)

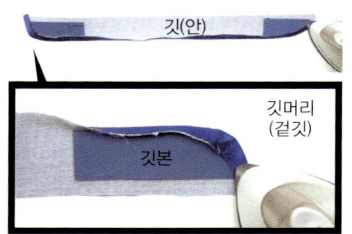

2 깃본을 대고 깃의 완성선을 따라 겉깃과 안깃의 시접을 꺾어 다린다.(패브릭용 풀로 고정하고 다리면 더 쉽다.)

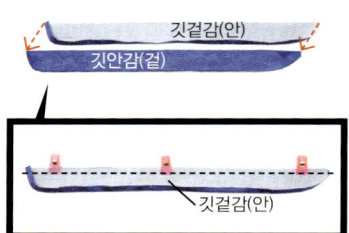

3 깃겉감과 깃안감의 겉과 겉을 맞대고 깃 중심선을 봉합한다.

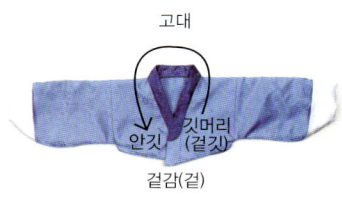

4 만든 깃을 앞길의 깃 위치에 놓고 깃의 맞춤점을 고대의 맞춤점에 정확히 맞춘 후 겉깃, 고대, 안깃의 순서로 시침한다.

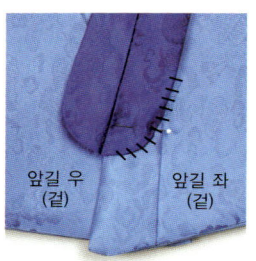

5 깃머리는 손바느질로 고정한다.

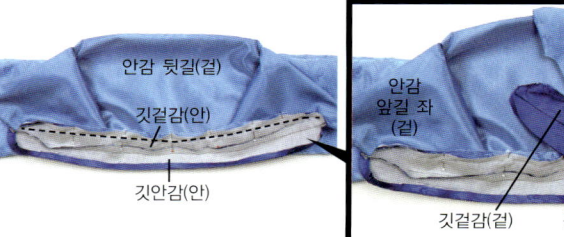

6 나머지 깃겉감은 몸판과 겉과 겉을 맞대어 봉합한다. 깃안감과 연결되는 안깃은 90도로 봉합한다. (당의 사진설명서 p.62 **5−6**참고)

6 고름 만들어 달기

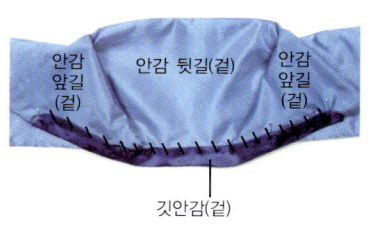

7 깃안감으로 시접을 감싸고 안감에 공그르기 또는 새발뜨기를 하여 고정한다.

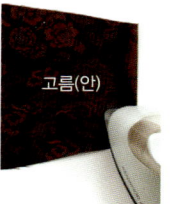

1 길과 연결된 부분의 고름의 시접은 미리 꺾어 다려둔다.

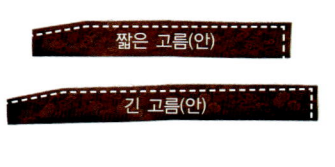

2 고름의 겉끼리 맞대어 창구멍을 남기고 그림과 같이 박아준다. 시접을 겉감 쪽으로 꺾어 다림질하여 뒤집어준다.

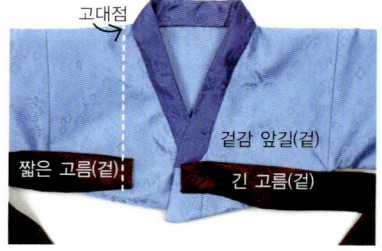

3 그림과 같이 긴 고름을 왼쪽에 단다. 짧은 고름을 그 반대쪽 위치에 다는데, 오른쪽 고대점에서 바로 내리거나 1cm정도 겨드랑이 쪽으로 옮겨 내린 선과 긴 고름의 높이에서 나간 직선과 만나는 지점에 단다.

7 동정 달기

1 동정의 끝을 깃 끝에서 깃 너비만큼 올라간 위치에 닿게 하여 위치를 잡아준다.

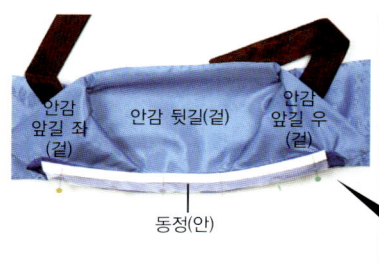

2 깃안감과 동정을 겉과 겉을 맞대어 시침하고 깃안감에 달 동정은 1cm 더 길게 자른 후 속의 종이를 제거하여 동정의 끝을 감싸준다. (동정다는 법은 p.63 당의 사진설명서 **7−2**참고)

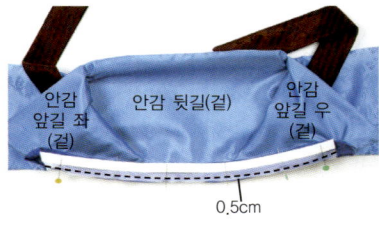

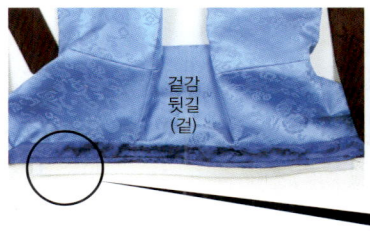

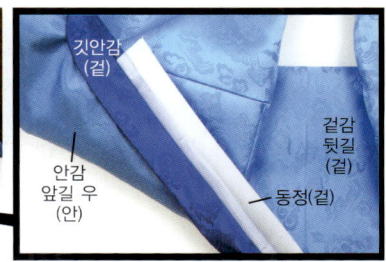

3 깃 안쪽에 동정의 겉을 대고 동정시접의 0.5cm 또는 0.5cm 보다 약간 작은 위치를 봉합한다.

4 동정을 겉쪽으로 넘겨 매만진다.

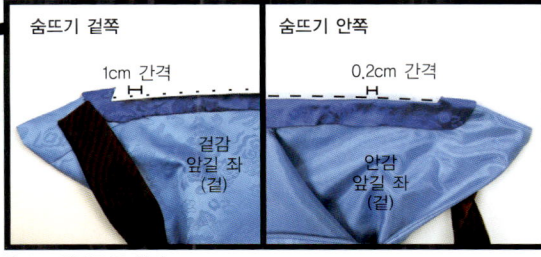

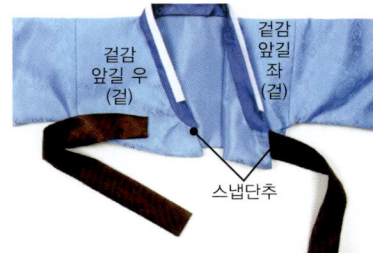

5 그림과 같이 나오는 땀은 0.2cm 정도로 숨뜨기를 1cm 간격으로 한다.

7 왼쪽 앞길의 안감, 오른쪽 앞길의 겉감에 스냅 단추를 달아준다.

완성!

2 겹치마 <small>본문 p.12, 14, 18 / 패턴 A면</small>

치마는 저고리와 함께 기본이 되는 여자 옷. 치마의 겉자락과 안
자락을 연결하지 않고 겹쳐 입는 형태이다.

[재료]
시접을 포함하여 재단 시 준비
하는 사이즈

겉감 어깨끈, 가슴 끈, 겉안가
습감 110cm폭 * 90cm
안감 치마감 110cm폭 * 180cm
겉감 치마감 55cm폭 * 360cm

1 재단하기 *시접은 전부 1cm 주고 재단합니다.

1 겉감 치마감(6폭), 겉감 가슴감(골선으로 1장), 가슴
끈(2장), 어깨끈(2장)을 재단한다. 안감도 동일하게 재
단한다. 치마 안감선을 잘 맞춰 재단한다. (가슴끈과
어깨끈은 재단하지 않는다.)

2 디자인에 따라 치마 밑단에 은박 또는 금박을
입힌다. (※은박, 금박 입히는 방법은 p.60 당의
사진 설명서 참고)

2 어깨끈 만들기

1 어깨끈을 겉과 겉을 맞대고 반을 접어 가슴과
연결될 부분을 제외하고 봉합한다. 봉합 후 겉이
보이도록 뒤집어 다림질로 모양을 잡는다. 2장 만
든다.

2 가슴끈을 겉과 겉을 맞대고 반을 접어 가슴과 연
결될 부분을 제외하고 봉합한다. 봉합 후 겉이 보이
도록 뒤집어 다림질로 모양을 잡는다. 2장 만든다.

3 가슴감 만들기

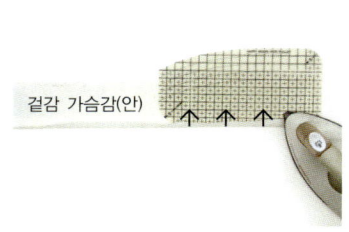
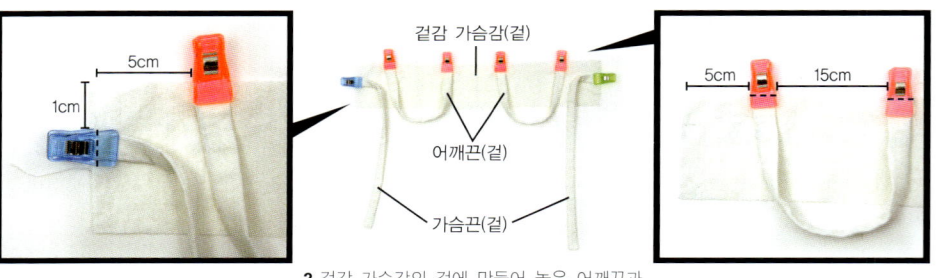

1 치마와 연결되는 겉감 가슴감의 시접은 미
리 1cm 다려둔다.

2 겉감 가슴감의 겉에 만들어 놓은 어깨끈과
가슴끈을 서로 밀리지 않도록 각 위치에 고정
하여 시침질한다.

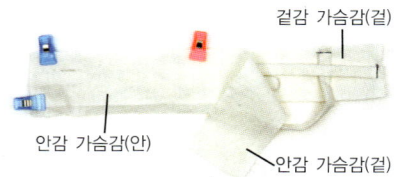

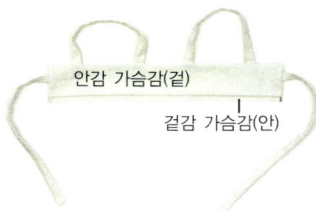

3 가슴 겉감의 겉과 안감의 겉을 맞댄다.

4 치마와 연결될 부분을 제외하고 봉합한다. (고정해 놓은
어깨끈과 가슴끈이 삐뚤어지지 않게 주의한다.)

5 뒤집어 다리미로 다려준다.

4 치마 만들기

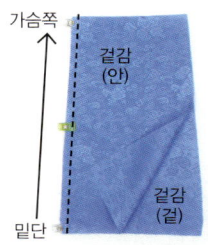

1 치마감을 겉과 겉을 맞대고 밑단에서부터 가슴 쪽으로 봉합한다. (봉합 시 밀릴 위험이 있기 때문에) 6장을 나란히 모두 봉합하여 연결한다.

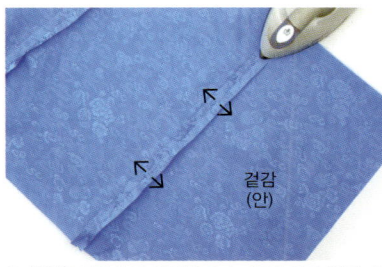

2 시접은 가름솔로 처리한다. (※겉감 치마 연결 시 디자인에 따라 잣 물리기 장식을 해준다. → 봉합방법은 p.54 설명 참고)

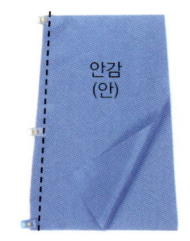

3 안감도 같은 방법으로 봉합하고 시접은 가름솔로 처리한다.

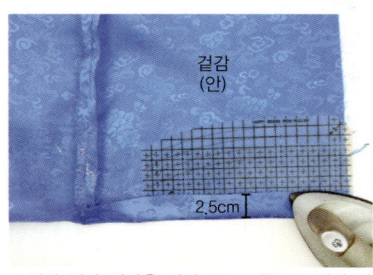

4 겉감 치마 밑단을 미리 2.5cm 폭으로 꺾어 다려둔다.

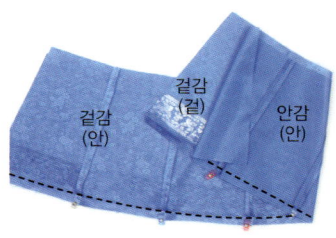

5 안감밑단과 겉감밑단을 겉과 겉을 맞대어 봉합한다.

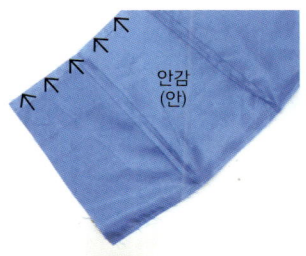

6 안감의 가슴선을 겉감의 가슴선에 맞춰 시침한다.

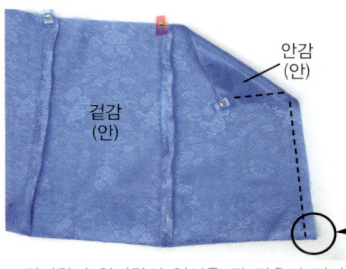

7 겉자락과 안자락의 옆선을 잘 맞추어 겉과 겉을 맞대고 봉합한다.

겉감이 안감보다 길다.

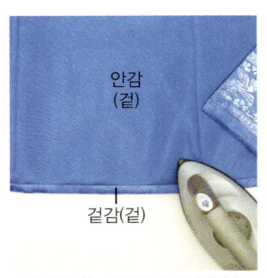

8 뒤집어서 다리미로 다려준다.

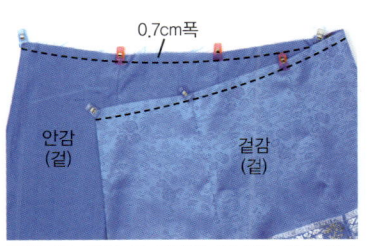

9 주름을 잡을 때 겉감과 안감이 서로 밀리지 않도록 가슴쪽 시접을 0.7cm 폭으로 시침질한다.

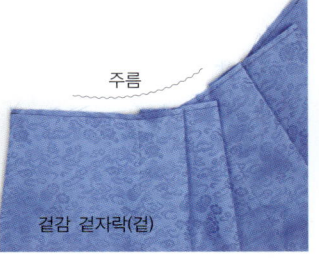

10 주름은 겉감을 위로 놓고, 겉자락 쪽에서 시작하여 안자락 쪽으로 잡아간다.

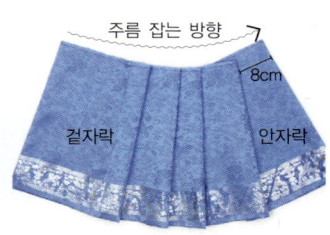

11 치맛자락이 늘어지지 않도록 안자락 쪽은 옆선에서 8~10cm 정도 들어온 지점부터 주름을 잡는다.

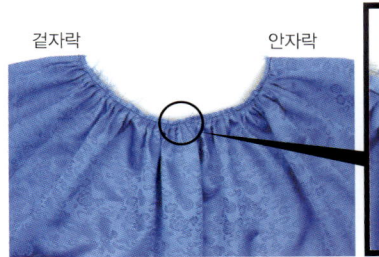

12 주름의 방향은 안자락 쪽을 향하도록 잡아준다.

13 치마의 한 폭당 주름이 8~9개가 잡히도록 주름의 양을 조절하며 잡아준다. 단 안자락은 주름을 주지 않는 8~10cm 제외하고 주름을 잡아준다. (주름을 주면 한 폭당 약 11~12cm의 길이가 된다.)

14 시침하여 고정한 주름을 미싱에 놓고 완성선에서 시접 쪽으로 0.2cm 정도 떨어져 주름의 모양이 흐트러지지 않도록 손으로 눌러가며 봉합한다.

5 치마와 가슴감 연결하기

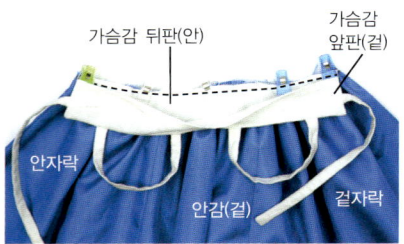
가슴감 뒤판(안)
가슴감 앞판(겉)
안자락
안감(겉)
겉자락

가슴감 앞판(안)
시접
겉치마(겉)

가슴감 앞판(겉)
겉치마(겉)

1 치마 안감의 겉과 가슴감의 겉을 맞대고 안자락 쪽에서 겉자락 쪽으로 봉합한다.

2 가슴감을 위로하여 가슴감 안에 봉합한 시접을 집어 넣는다.

3 가슴감 앞판을 덮어 상침해 준다.

완성!

Tip!) 잣 물리기

잣 물리기

1 2*2cm 사이즈로 자른다. 대각선으로 접는다.

2 삼등분하여 접는다.

3 접은 것을 풀로 고정시킨다.

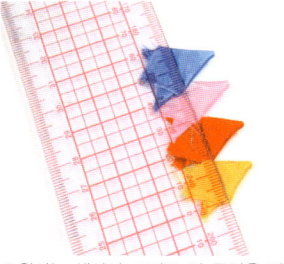
4 원하는 색상과 크기로 잣 물림을 만든다.

잣 물린 모습

3 사폭바지 본문 p.24, 26, 28, 30 / 패턴 B면

남자아이가 입는 사폭바지는 아이들의 많은 활동량에 맞게 폭이 넉넉하고 큰사폭, 작은사폭, 마루폭, 허리로 구성되어 있다.

[재료]
시접을 포함하여 재단 시 준비하는 사이즈

겉감 몸판 55cm폭 * 180cm

안감 몸판 110cm폭 * 180cm
고무줄 2cm폭* 45cm
기타 자수 장식 4개, 매듭장식 2개

1 재단하기 *시접은 전부 1cm를 주고 재단합니다.

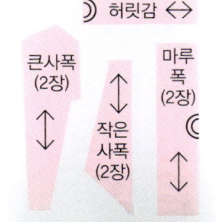

겉감

안감

1 재단배치도와 같이 재단한다. 큰사폭 대칭 2장, 작은사폭 대칭으로 2장, 허릿감 1장, 마루폭 골선으로 2장.

2 안감 또한 겉감과 똑같이 재단한다.

2 겉감 만들기

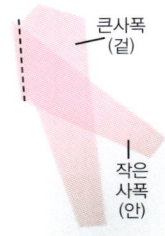

큰사폭(겉)
작은사폭(안)

1 큰사폭의 곧은 솔기와 작은사폭의 어슨 솔기를 봉합한다. (어슨 솔기인 작은사폭이 위로 오게 해서 봉합한다)

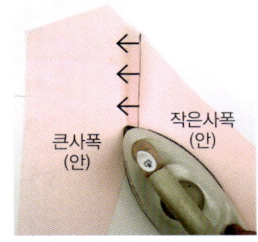

큰사폭(안)
작은사폭(안)

2 시접은 큰사폭 쪽으로 꺾어 다려준다.

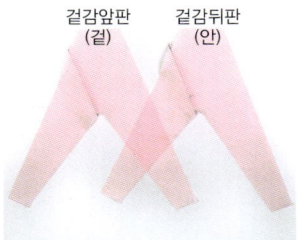

겉감앞판(겉)
겉감뒤판(안)

3 큰사폭과 작은사폭이 바지를 입었을 때 앞뒤에 같은 방향에 놓이도록 2장을 만든다.

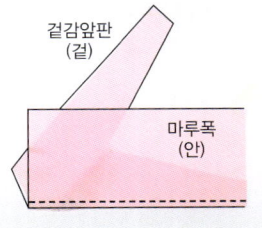

겉감앞판(겉)
마루폭(안)

4 봉합한 사폭의 양쪽에 마루폭을 연결한다.

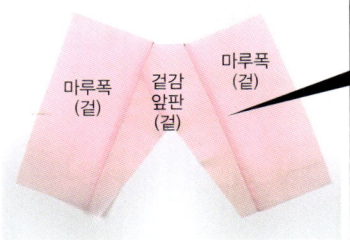

마루폭(겉) 겉감앞판(겉) 마루폭(겉)
마루폭(안) 겉감앞판(안) 마루폭(안)

5 시접은 마루폭 쪽으로 꺾어서 다려준다.

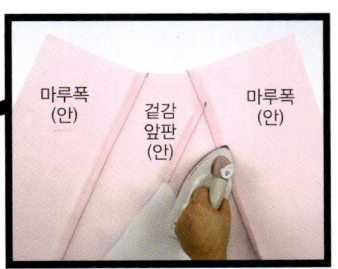

마루폭(겉)
바지감(안)
마루폭(안)

6 한 장 더 준비했던 바지 뒤판도 마루폭과 함께 봉합한다.

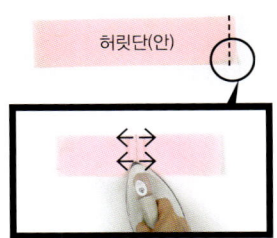

허릿단(안)

7 허릿단을 겉과 겉이 마주 보게 놓고 봉합하여 둥글게 통으로 만든다. 시접은 가름솔로 처리한다.

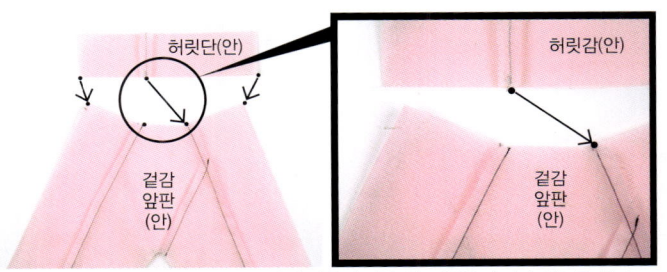

허릿단(안)
허릿감(안)
겉감앞판(안)
겉감앞판(안)

8 허리의 겉과 바지의 겉을 맞대고, 허리 이음 솔기를 앞 마루폭 솔기에 닿도록 한다.

허릿감(안)
바지감(안)

9 허리를 바지 속에 끼우고 큰사폭이 늘어나지 않도록 허릿단과 바지를 봉합한 후 시접은 허리 쪽으로 꺾어 다려주고 허릿단을 세운다.

3 안감 만들기

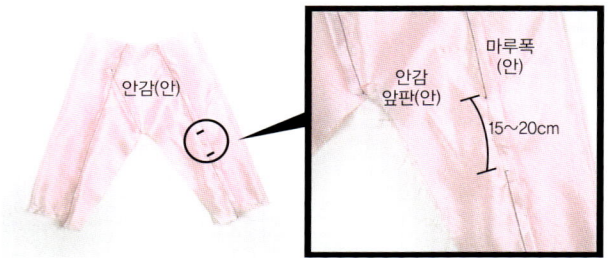

1 안감의 큰사폭과 작은사폭의 위치는 입었을 때 겉감과 같은 방향이 되도록 박아주고 안감의 마루폭과 큰사폭을 붙인 솔기에 창구멍을 15~20cm 정도 내고 봉합한다.

2 안감 허릿단 봉합 시 허리에 고무줄이 들어갈 창구멍을 남긴 채 봉합한다.

4 겉감과 안감 연결하기

1 안감과 겉감의 겉끼리 맞닿게 겉감 속에 안감을 넣어준다. (큰사폭과 작은사폭을 이은 솔기가 안감과 겉감이 일치하도록 맞춘다.)

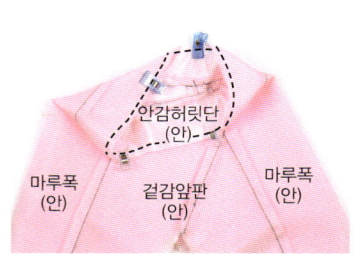

2 안감과 겉감을 잘 맞춘 후 허리를 봉합한다.

3 봉합한 시접은 겉감 쪽으로 꺾어 다려준다.

4 안감을 밖으로 잡아 빼내어 안감과 겉감이 대칭되게 놓는다.

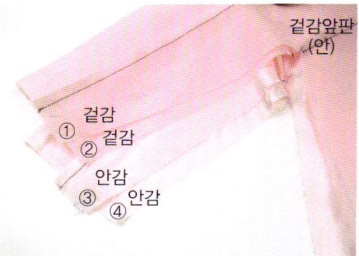

5 허리선을 반을 접어 안감은 안감끼리 겉감은 겉감끼리 총 4겹이 되도록 놓는다.

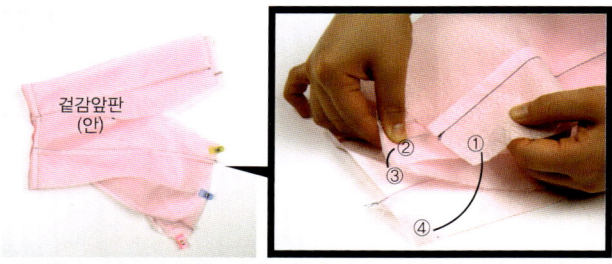

6 안감④와 마지막 장에 있는 겉감부리①을 맞닿고 겉감②와 안감부리③을 맞닿아 시침한다. 반대쪽도 같은 방법으로 만든다.

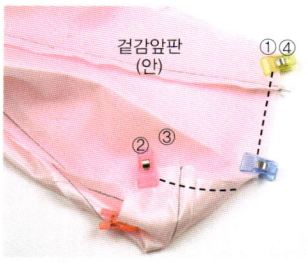

7 겉감②와 안감부리③을 겉끼리 맞닿게 봉합한다. **6**에서 시침한 바짓부리는 그림과 같이 봉합한다.

8 봉합한 부리는 접어서 다시 안감은 안감끼리 겉감은 겉감끼리 총 4겹이 되게 놓는다.

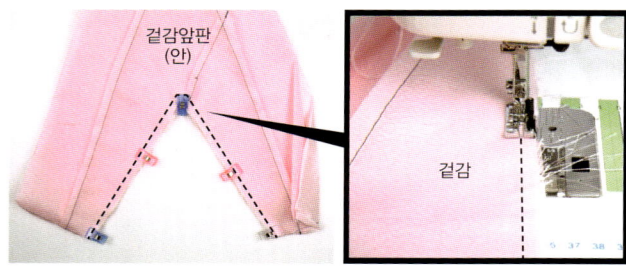

9 4겹의 배래를 잘 맞추어 봉합한다. 밑은 튼튼하게 2번 봉합한다. 시접은 겉쪽으로 꺾어 다려준다.

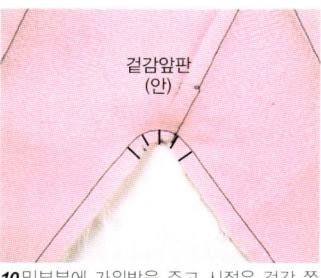

10 밑부분에 가위밥을 주고 시접은 겉감 쪽으로 꺾어 다려준다.

11 창구멍을 통해 뒤집은 다음에 다림질로 모양을 잘 잡아주고 창구멍은 공그르기나 감침질로 마무리한다.

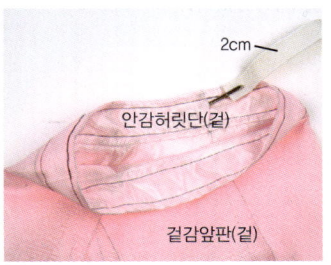

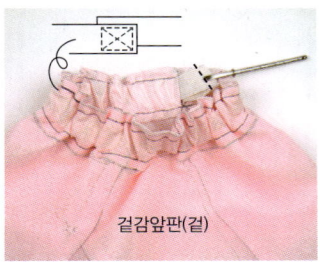

12 허릿단에 고무줄을 넣을 수 있도록 2.5cm 간격으로 봉합한다.

13 2cm 폭의 고무줄을 끼워 넣는다.

14 고무줄의 양 끝을 봉합하여 이어준다.

5 매듭단추 달기

15 안감에 남겨두었던 고무줄 창구멍은 공 그르기나 감침질로 마무리한다.

1 마루폭의 앞뒤 쪽에 매듭단추를 달아준다. (매듭단추의 간격은 아이의 발목 둘레에 맞춰 조정한다.)

완성!

4 털배자 본문 p.12 / 패턴 C면

저고리 위에 덧입는 조끼모양의 털배자는 추위를 막기 위해 깃,
고대, 도련, 진동에 털을 달아 고급스러워 보이면서도 실용성
을 겸한 옷이다.

[재료]
시접을 포함하여 재단 시 준비
하는 사이즈

안감 몸판 110cm폭 * 90cm
고름감 55cm폭 * 60cm
털장식 180cm

겉감 몸판 55cm폭 * 135cm : # 기타 자수, 매듭 장식

1 재단하기 *시접은 전부 1cm 주고 재단합니다.

1 재단배치도와 같이 재단한다. 앞길 좌우 각 1장씩,
뒷길(골선으로 1장), 고름 2장

2 안감 또한 똑같이 재단한다.

2 겉감 만들기

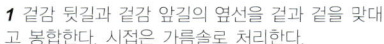

1 겉감 뒷길과 겉감 앞길의 옆선을 겉과 겉을 맞대
고 봉합한다. 시접은 가름솔로 처리한다.

3 안감 만들기

2 그림에 분홍선으로 표시된 부분 시접
겉쪽에 털 장식을 고정해준다.

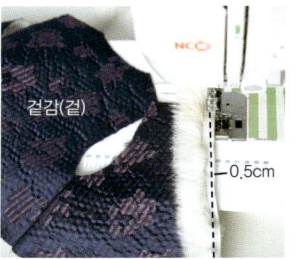

3 털 장식을 0.5cm 폭으로 봉합하여
미리 고정해준다.

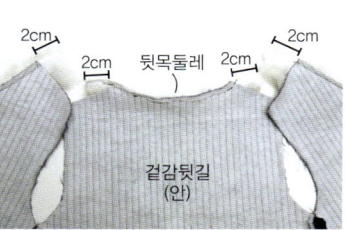

4 털 장식은 2cm 정도 여유를 두고 잘라준다.

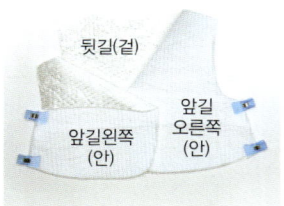

1 안감 뒷길과 안감 앞길의 옆선을
맞춘다.

4 겉감과 안감 연결하기

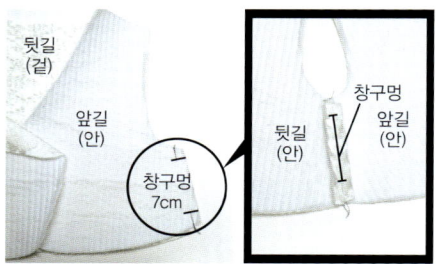

2 한쪽 옆선은 7cm의 창구멍
을 내고 봉합한다. 시접은 가름
솔로 처리한다.

1 겉감과 안감의 겉과 겉을 맞
대고 양쪽 진동둘레선, 앞도련
~고대~뒷도련을 봉합한다.

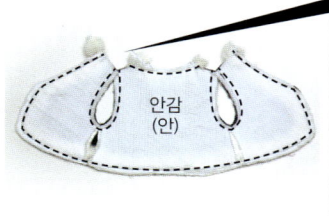

2 2cm 여유있게 자른 털 장식은 바깥쪽으로 꺾어 접어 함께 봉합한다. (※시
접을 제외하고 그림에 표시된 부분까지만 봉제한다.) 박은 시접은 겉감 쪽으
로 다려준다.

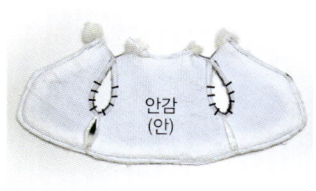

3 진동둘레선은 겨드랑점 부위 시접에 가 윗밥을 준다.

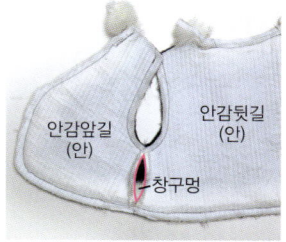

4 창구멍으로 겉감과 안감을 빼내어 뒤집어준다.

5 다리미로 정리해준다.

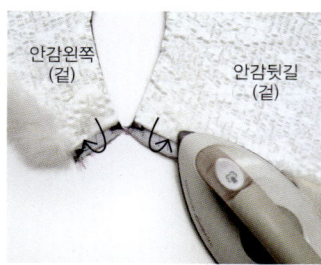

6 안감 앞길 어깨와 안감 뒷길 어깨시접은 미리 접어둔다.

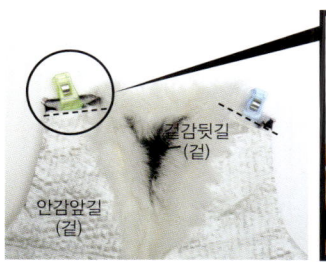

7 겉감 앞길의 어깨와 겉감 뒷길의 어깨를 겉끼리 맞대고 봉합한다.

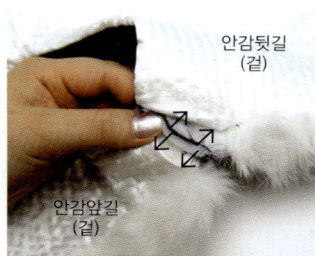

8 봉합한 겉감은 가름솔로 처리한다.

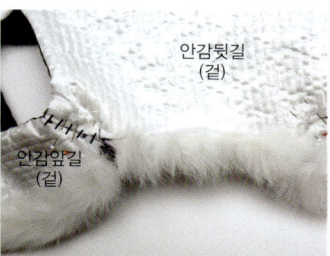

9 안감의 어깨선은 시접을 안으로 집어넣어 공그르기로 처리해준다.

5 고름 만들어 달기

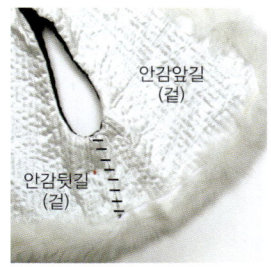

10 안감옆선의 창구멍 또한 공그르기로 처리해준다.

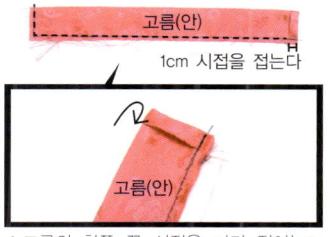

1 고름의 한쪽 끝 시접을 미리 접어놓고 겉과 겉을 맞대고 'ㄱ'자로 봉합한 후 겉으로 뒤집는다.

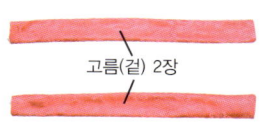

2 2장 준비한다.

3 트임이 있는 부분을 앞길의 고름위치에 고정한다.

완성!

5 당의 본문 p.16 / 패턴 B면

격식을 갖출 때 입는 옷으로 길이가 일반 저고리보다 세배 정도
길며, 겨드랑이 아래에서부터 양 옆이 트이고 아래쪽 도련이 아
름다운 곡선을 이룬다.

[재료]

시접을 포함하여 재단 시 준비
하는 사이즈

겉감
- 길과 소매 55cm* 270cm
- 깃과 고름감 55cm* 70cm

- 거들지 55cm * 45cm
안감 110cm폭 * 135cm
소잉 심지 110cm폭 * 135cm
기타 자수 장식
  금, 은박 135cm

1 재단하기 *겉감은 고름을 제외하고 길과 섶, 깃, 소매에 소잉심지를 붙인 후 시접은 전부 1cm를 주고 재단합니다.

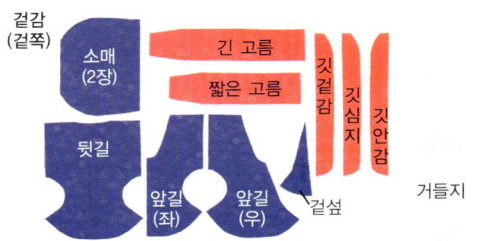
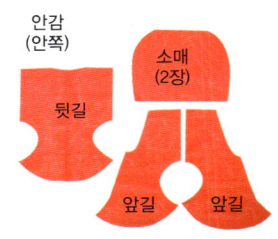

1 좌우 앞길 각 1장, 뒷길 1장, 소매 2장, 깃겉감 1장, 깃안감 1
장, 깃 심지 1장, 긴 고름, 짧은 고름 각 1장, 겉섶 1장, 거들지 좌
우 각 1장을 재단한다. 고름은 여아저고리 패턴과 동일합니다.

2 안감도 동일하게 재단하되 앞길과
겉섶을 붙여 함께 재단한다.

2 겉감 만들기

1 겉섶과 앞길(좌)의 겉과 겉을 맞대어 봉합한다.　**2** 시접은 섶 쪽으로 다린다.

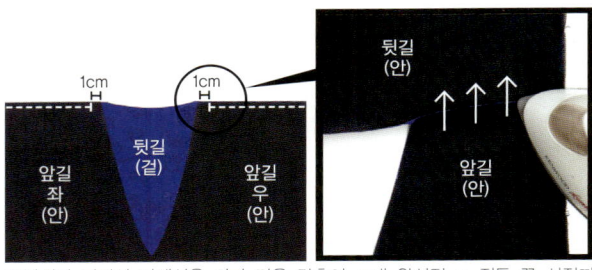
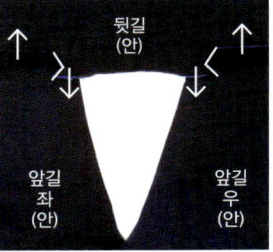

3 앞길과 뒷길의 어깨선을 겉과 겉을 맞추어 고대 완성점 ~ 진동 끝 시접까
지 봉합한다. 이때 봉합선이 풀리지 않도록 되돌아 박고 시접은 뒷길 쪽으로
꺾어 다림질한다.

4 고대 완성점에 사선으로 가윗밥
을 주어 사진과 같이 다려준다. ※소
매는 금박을 하지 않을 경우엔 p.48
2-5와 동일함.

5 길의 어깨선과 소매의 중심선을 겉과 겉을 맞대고 그
림에 표기된 완성선까지만 (진동 끝점) 봉합한다. 시접
은 봉합하지 않는다. 끝 부분은 풀리지 않도록 되돌아
박는다. (※소매 끝동과 소매진동을 잘 구분하여 실수
하지 않도록 주의한다)

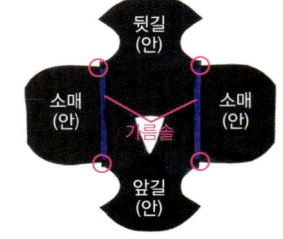

6 앞길 진동의 시접에 그림과 같이 사선으로 가윗밥을 주고 겨드랑이 쪽 시접은 소매 쪽으로 꺾어 다린다.

7 4곳의 겨드랑이 모두 **6**과 동일하게 작업한다.
시접은 가름솔로 처리한다.

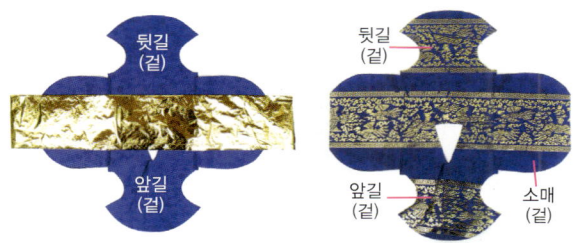

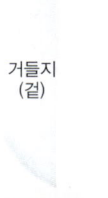

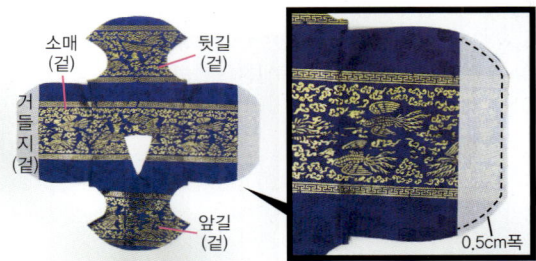

8 디자인에 따라 앞길, 뒷길, 소매, 깃, 고름에 금박 또는 은박을 붙여준다.
(※금박, 은박 붙이는 Tip은 뒤의 p.63 설명을 참고)

9 사진과 같이 거들지의 안과 안을 맞대어 접어준다.

10 접은 거들지의 겉과 소매의 겉을 맞대고 소매 끝 시접에 0.5cm 폭으로 시침한다. (금박을 할 경우, 거들지는 여기에서 붙입니다.)

3 안감 만들기

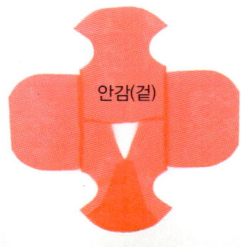

1 겉감과 같은 방법으로 어깨와 소매를 달아준다.

4 안감과 겉감 연결하기

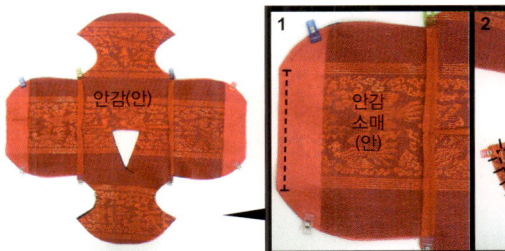

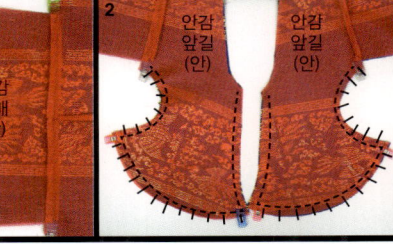

1 안감의 겉과 겉감의 겉을 맞닿게 놓고 고대, 뒷중심, 어깨선을 맞추어 수구, 도련선을 봉합한다. 소매끝동은 완성선까지만 봉합한다. (시접은 봉합하지 않는다.)(도련선의 곡부분에 2~3cm 간격으로 가윗밥을 준다.)

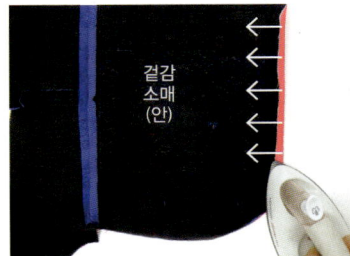

2 양쪽 수구, 도련선의 시접은 겉감 쪽으로 꺾어 다린다.

3 뒤집어서 겉쪽에서 한번 다려준다.

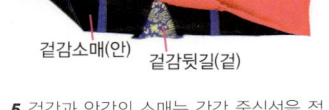

4 다시 뒤집어 앞길을 뒷길의 겉감과 안감 사이로 밀어 넣는다.

5 겉감과 안감의 소매는 각각 중심선을 접어 사진과 같이 네 겹이 되게 접어준다.

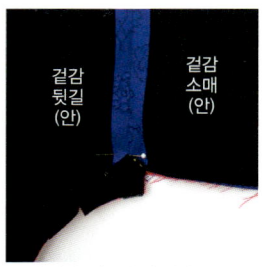

6 네 겹의 겨드랑이 점과 수구 끝을 잘 맞추어 핀으로 고정한다.

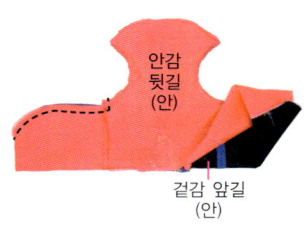

7 사진과 같이 네 겹의 배래선을 수구에서부터 옆선 끝점까지 봉합하고 풀리지 않게 되돌아박는다. 봉합한 시접은 모두 겉감 쪽으로 꺾어 다려준다.

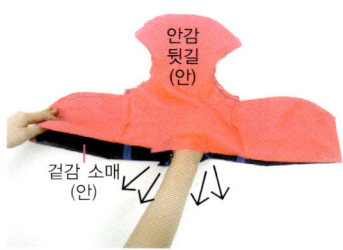

8 고대 쪽에서 손을 넣어 겉으로 뒤집는다. 수구와 도련으로 안감이 밀려 나오지 않게 잘 펴서 겉쪽에서 다려준다.

1 깃겉감 2장을 겹쳐 손바느질로 시침질하여 고정해준다. (깃겉감 1장이 심지 역할)

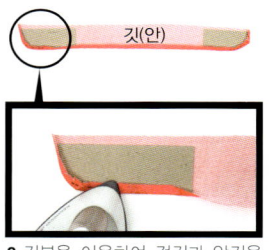

2 깃본을 이용하여 겉깃과 안깃을 다려준다.

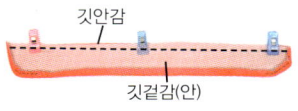

3 깃겉감과 깃안감의 겉과 겉을 맞대고 깃 중심선을 봉합한다.

4 만든 깃을 앞길의 깃 위치에 놓고 깃의 맞춤점을 고대의 맞춤점에 정확히 맞춘 후 겉깃, 고대, 안깃의 순서로 시침하고 손바느질하여 고정한다.

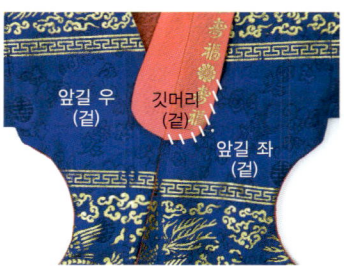

5 겉깃머리는 손바느질로 고정한다.

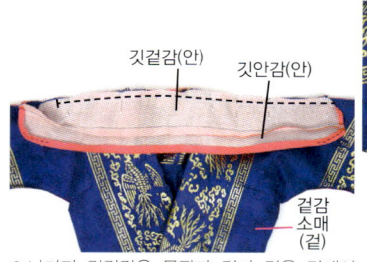

6 나머지 깃겉감은 몸판과 겉과 겉을 맞대어 봉합한다. 단 깃안감과 연결되는 안깃은 깃 길이가 몸판보다 길 경우엔 사진과 같이 90도로 봉합하고 시접은 짧게 잘라준다.

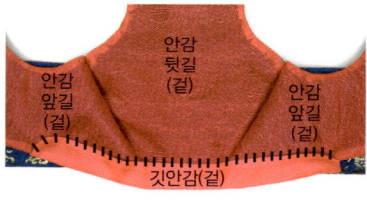

7 안깃은 당의 안쪽에서 완성선에 맞추어 손바느질로 공그르기 또는 새발뜨기를 하여 고정한다.

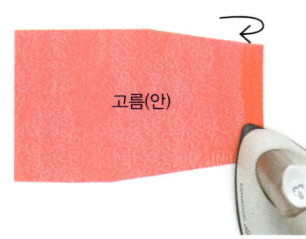

8 길과 연결된 부분의 고름의 시접은 미리 꺾어 다려둔다.

6 고름 만들어 달기

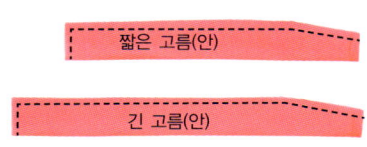

1 고름의 겉끼리 맞대어 몸판과 연결될 부분은 제외하고 봉합한다. 시접을 겉감 쪽으로 꺾어 다림질하여 뒤집어준다.

2 봉합한 솔기가 위로 가게 하여 긴 고름을 왼쪽에 단다. 짧은 고름을 그 반대쪽 위치에 다는데, 오른쪽 고대점에서 바로 내리거나 1cm 정도 겨드랑이 쪽으로 옮겨 내린 선과 긴 고름의 높이에서 나간 직선과 만나는 지점에 단다.

7 동정달기

1 동정의 끝을 깃 끝에서 깃 너비만큼 올라간 위치에 단다. 동정의 길이(깃 너비 정도의 높이 ~ 겉깃과 안깃이 겹치는 지점+2cm)

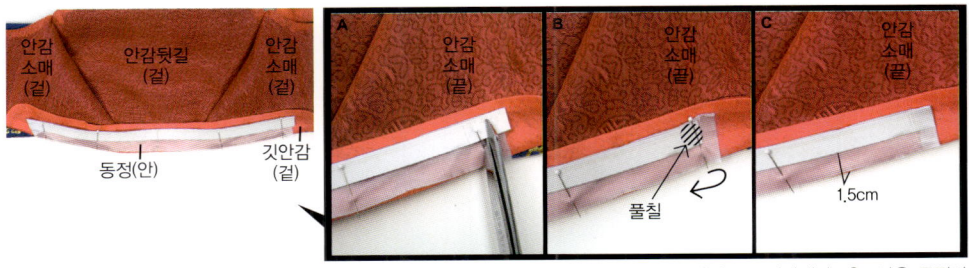

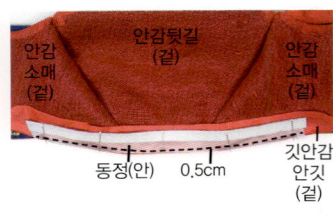

2-A 동정의 길이를 1cm 정도 여유있게 자른 후, 그림과 같이 끝을 처리한다. **2-B** 동정의 종이만 1cm 잘라낸다. **2-C** 남은 동정감에 풀칠을 하여 종이를 감싸 붙인다.

3 깃 안쪽에 동정의 겉을 대고 동정 시접의 0.5cm 또는 0.5cm보다 약간 작은 위치를 봉합한다.

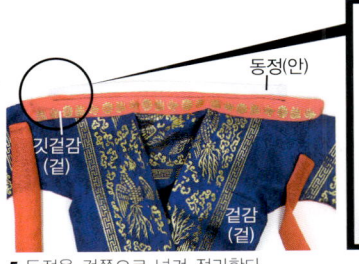

숨뜨기 겉쪽 모습

숨뜨기 안쪽 모습

5 동정을 겉쪽으로 넘겨 정리한다.

6 그림과 같이 안쪽은 1cm 간격으로, 겉에 나오는 땀은 0.2cm 정도로 숨뜨기한다.

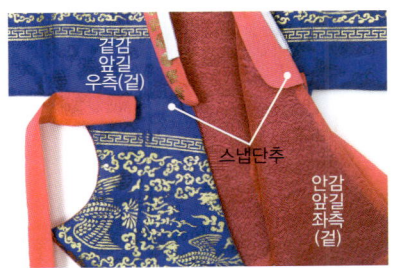

7 왼쪽 앞길의 안감, 오른쪽 앞길의 겉감에 스냅단추를 달아준다.

완성!

Tip!) 금박, 은박

1 금박을 놓을 위치에 먼저 금박지를 올린다. 바닥에 약간의 쿠션이 있으면 더 좋다.

2 일반적으로 많이 사용되는 한복 원단은 합성섬유이므로 다리미의 온도는 80~140도 정도에 맞춰 작업하면 된다. 작업 시 다리미를 좌우로 밀지 않아야 하며 꾹꾹 눌러주며 작업해야하고 스팀다리미는 사용하지 않는다.

3 열이 충분히 식은 후 금박지를 살며시 떼어낸다.

4 완성된 금박 위에 한지나 얇은 천을 올려놓고 한번 더 다린다.

How to make

일러스트 제작 설명서

세상에서 가장 아름다운 우리 공주님을 위한 여아한복

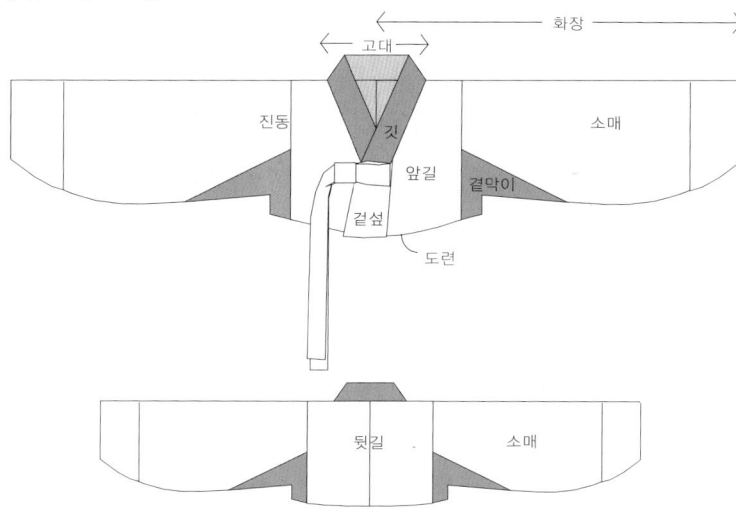

[재료]
*시접을 포함하여 재단 시 준비하는 사이즈
·겉감
-길과 소매, 고름감 55cm폭 * 180cm
-깃겉감과 곁막이감 55cm폭 * 70cm
·안감 55cm폭 * 200cm
·거들지감 55cm폭 * 45cm
·소잉심지 110cm폭 * 90cm
*기타 자수 장식

[만드는 방법]
1. 재단하기
-패턴을 대고 상하좌우 각 1cm의 시접을 주고 재단한다.
-겉감의 겉섶과 길 및 깃안감은 먼저 소잉심지를 붙여준 후 재단한다.
-겉감 오른길, 왼길, 겉섶, 긴 고름, 짧은 고름 각 1장과 소매 2장
-거들지 2장
-곁막이 좌우 각 2장, 겉깃 1장
-안감 오른길 1장, 왼길 1장, 소매 2장, 깃 1장
*반드시 재단하기와 동일하게 형태와 식서방향을 맞춰 재단해야 합니다.
*고름은 여아저고리 패턴과 동일합니다.
2. 겉감 만들기
① 왼쪽 앞길과 섶을 겉끼리 맞대고 봉합. 봉합한 시접은 섶 쪽으로 꺾어 다린다.
② 오른길과 왼길을 겉끼리 맞대고 등솔기를 봉합. 시접은 입었을 때 오른쪽으로 꺾어 다린다.
③ 거들지를 반으로 접고 소매 끝동 겉쪽에 거들지를 고정한 후, 소매와 곁막이를 겉을 맞대어 봉합하고 시접은 소매 쪽으로 꺾어 다린다.
④ 소매와 몸판을 겉끼리 맞대고 봉합
⑤ 소매와 몸판을 연결한 시접은 가름솔로 다린다.
3. 안감 만들기
⑥ 오른길과 왼길을 겉끼리 맞대고 등솔기만 맞춤점에 맞춰 봉합하고 시접은 왼길 쪽으로 꺾어 다린다.
⑦ 소매와 몸판을 봉합하고 연결한 시접은 가름솔로 다린다.
4. 겉감과 안감 연결하기
⑧ 겉감과 안감의 겉을 맞대고, 고대와 중심선, 어깨 끝점 등을 맞춰서 핀으로 고정한다.
⑨ 앞 좌우 길의 섶선~도련을 각각 봉합하고, 뒷길의 도련을 봉합한다.
⑩ 소매 끝단을 완성점까지만 봉합한다.
⑪ ⑨와 ⑩의 봉합한 시접은 겉감 쪽으로 꺾어 다려둔다.
5. 소매 배래와 옆선 연결
⑫ 좌우 앞길을 뒷길의 안감과 겉감 사이로 밀어 넣고, 소매와 옆선을 네겹으로 만든다.
⑬ 소매 배래~옆선을 잘 맞춰서 네겹을 함께 봉합하고 겨드랑이 시접에 가위집을 준다.
⑭ 고대 쪽으로 뒤집어서 다림질 하고, 목둘레를 시침한다.
⑮ 고대에 가위밥을 준다.
6. 목판깃 만들어 달기
⑯ 깃안감의 몸판 연결용 시접을 안쪽으로 접어 다려, 깃안감과 깃겉감의 겉을 맞대고 ㄷ자 봉합한다.
⑰ 깃겉감의 겉과 겉앞길의 겉을 맞대고 깃을 달아준 후, 시접을 깃쪽으로 넘겨 다려 안깃으로 시접을 감싸고 안감에 공그르기로 고정한다.
7. 고름 만들어 달기

1. 재단하기

*겉감(길감)

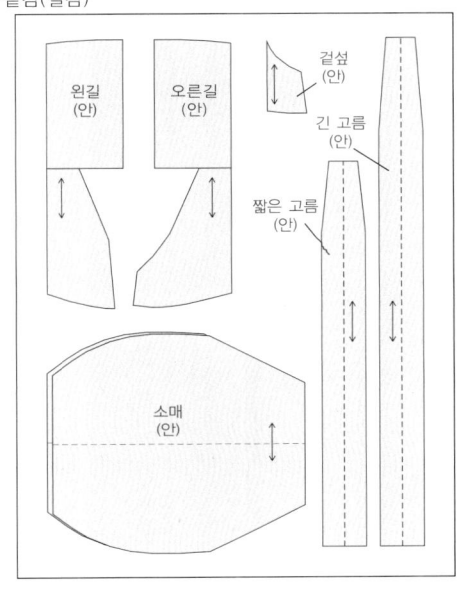

겉섶
(안)

긴 고름
(안)

짧은 고름
(안)

왼길
(안)

오른길
(안)

소매
(안)

*겉감(배색감)

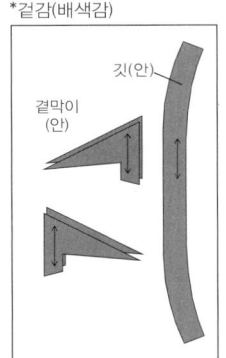

깃(안)

곁막이
(안)

*겉감(거들지)

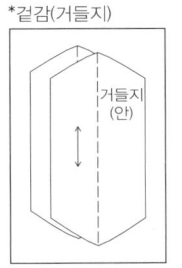

거들지
(안)

*안감

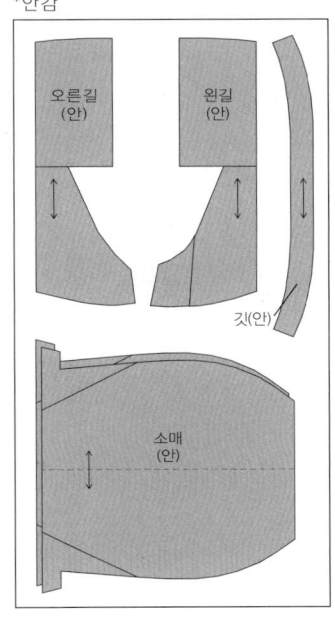

오른길
(안)

왼길
(안)

깃(안)

소매
(안)

2. 겉감 만들기

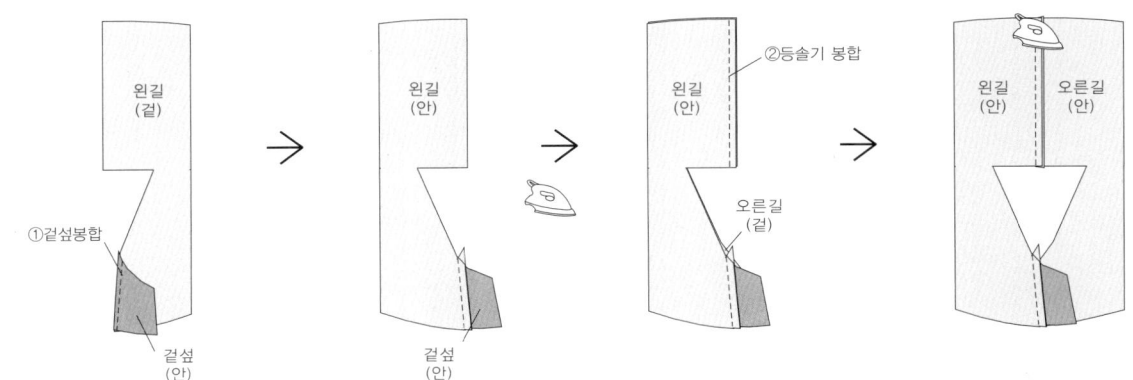

왼길
(겉)

①겉섶봉합

겉섶
(안)

→

왼길
(안)

겉섶
(안)

→

왼길
(안)

②등솔기 봉합

오른길
(겉)

→

왼길
(안)

오른길
(안)

세상에서 가장 아름다운 우리 **공주님**을 위한 **여아한복**

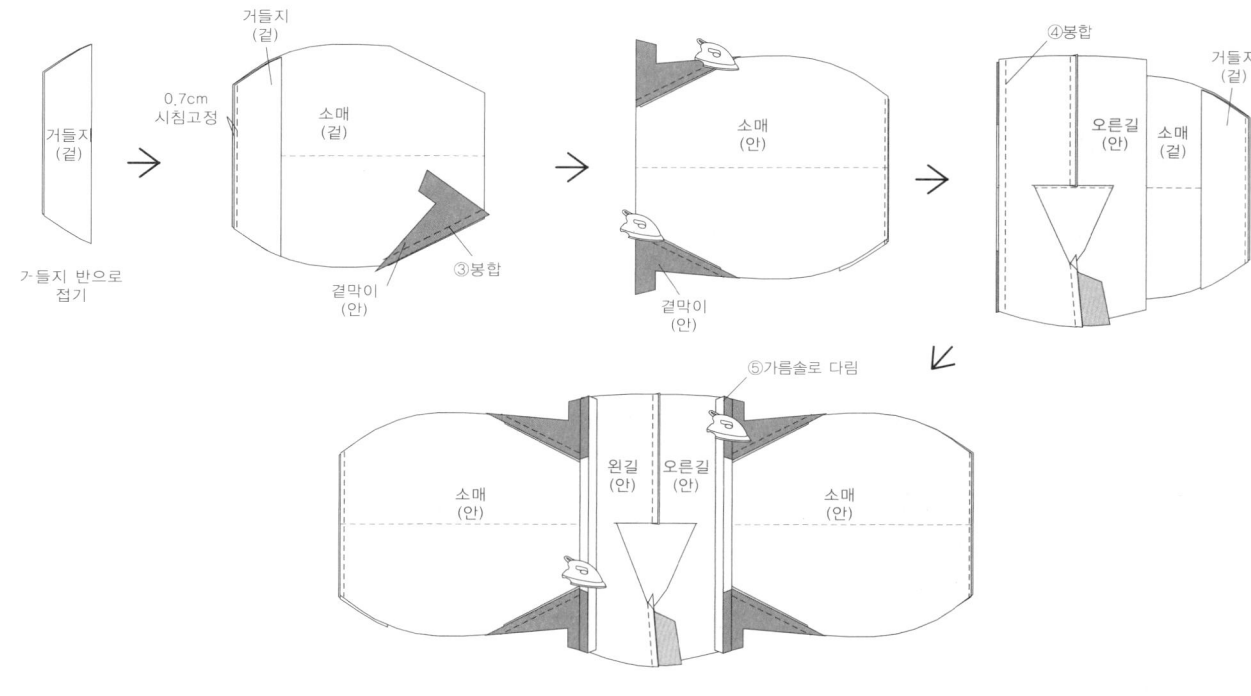

3. 안감 만들기

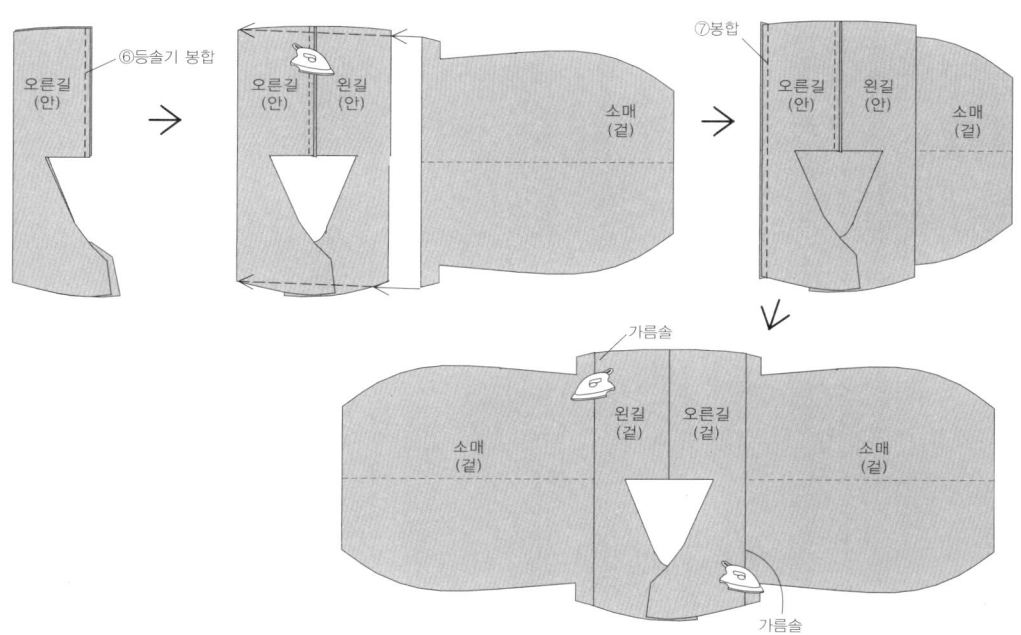

4. 겉감과 안감 연결하기

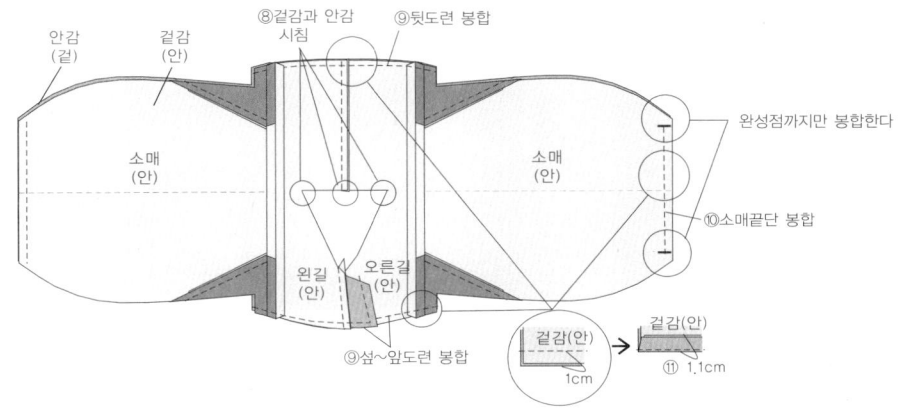

⑧겉감과 안감 시침
⑨뒷도련 봉합
안감(겉)
겉감(안)
완성점까지만 봉합한다
소매(안)
소매(안)
⑩소매끝단 봉합
왼길(안)
오른길(안)
⑨섶~앞도련 봉합
겉감(안)
1cm
겉감(안)
⑪ 1.1cm

5. 소매 배래와 옆선 박기

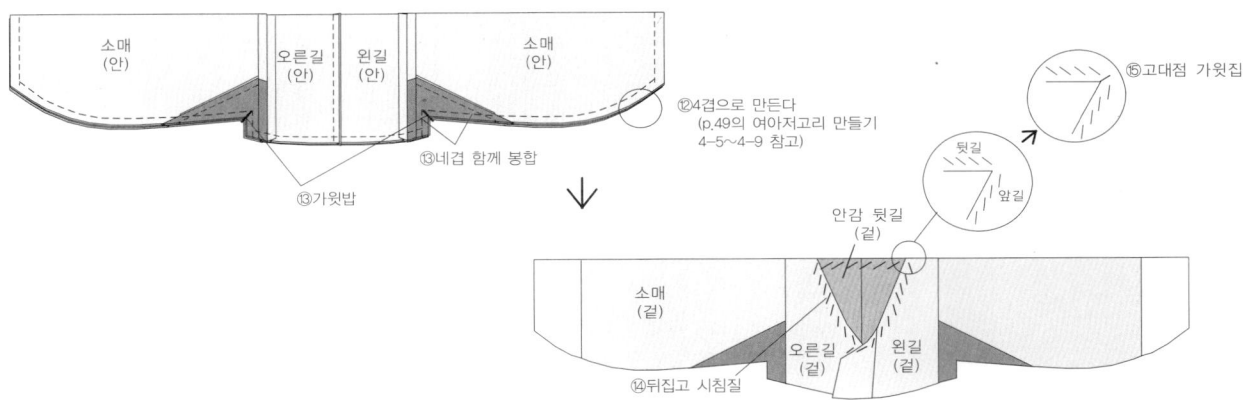

소매(안)
오른길(안)
왼길(안)
소매(안)
⑫4겹으로 만든다
(p.49의 여아저고리 만들기
4-5~4-9 참고)
⑬네겹 함께 봉합
⑬가윗밥
⑮고대점 가윗집
뒷길
앞길
안감 뒷길(겉)
소매(겉)
오른길(겉)
왼길(겉)
⑭뒤집고 시침질

6. 목판깃 만들어 달기

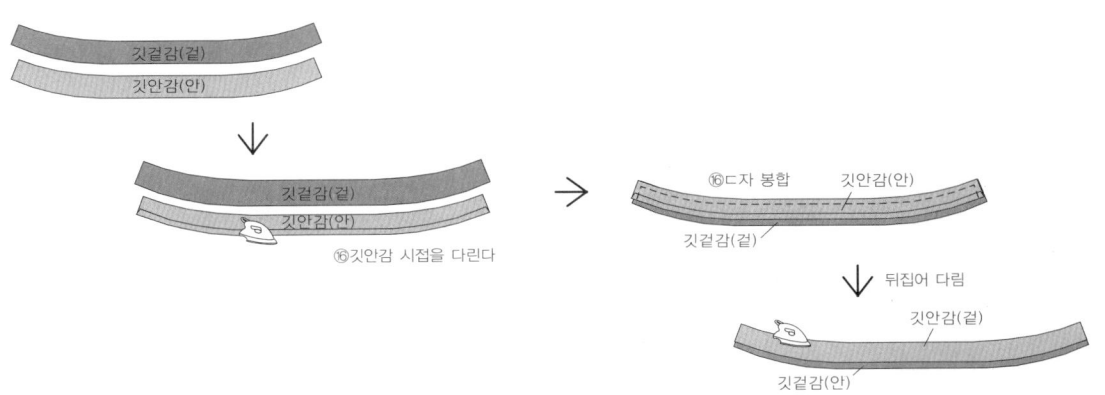

깃겉감(겉)
깃안감(안)
깃겉감(겉)
깃안감(안)
⑯깃안감 시접을 다린다
⑯ㄷ자 봉합
깃안감(안)
깃겉감(겉)
뒤집어 다림
깃안감(겉)
깃겉감(안)

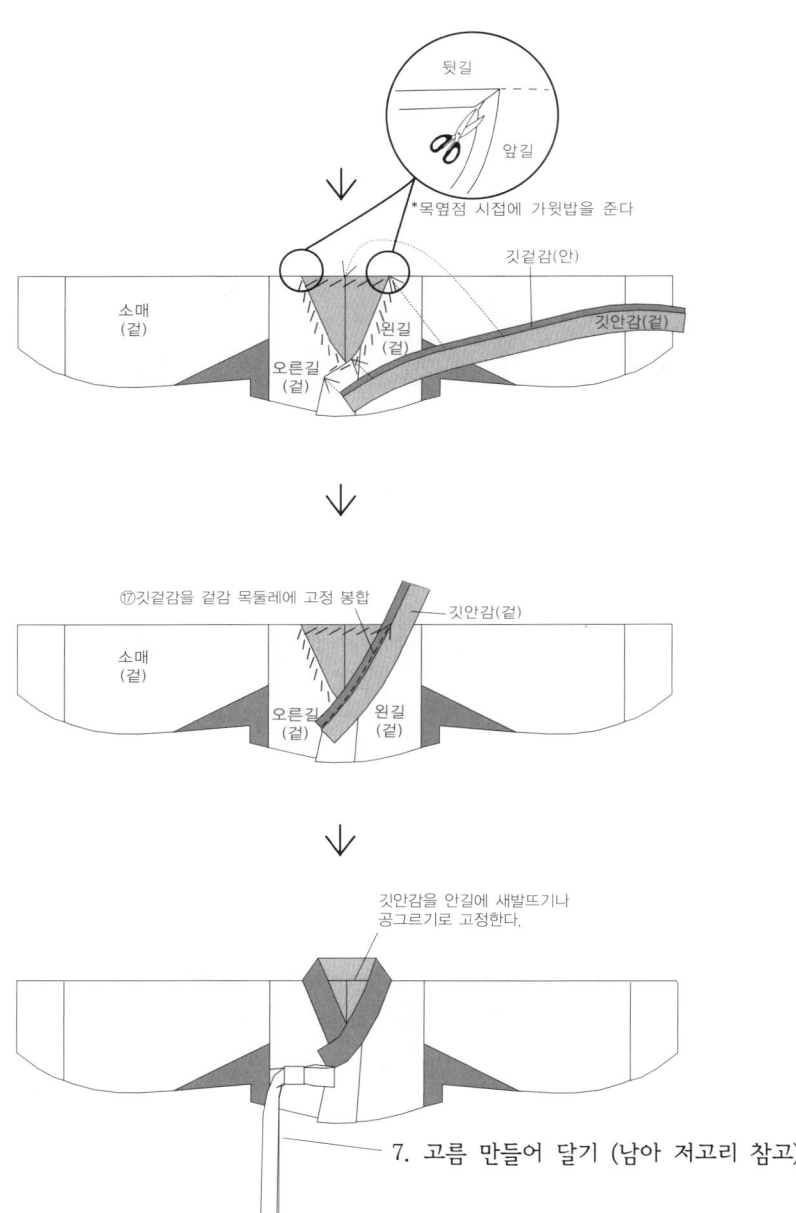

7. 고름 만들어 달기 (남아 저고리 참고)

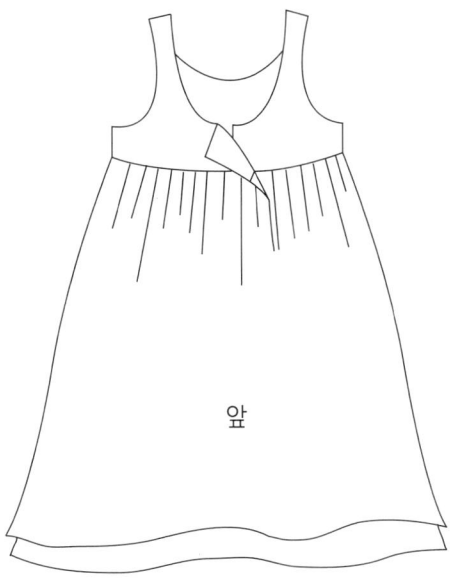

앞

1. 재단하기
−겉감 재단

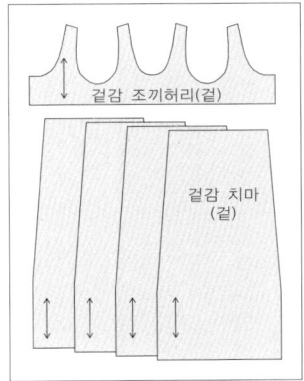

−안감 재단　　　　　−스란단 재단

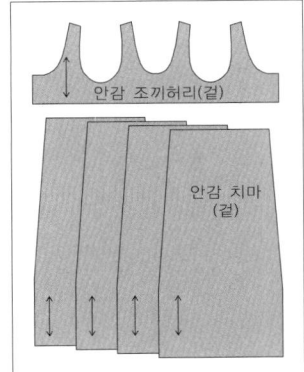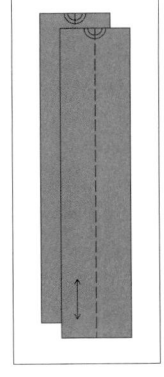

[재료]
*시접을 포함하여 재단 시 준비하는 사이즈
· 겉감 치마 55cm폭 * 360cm
· 겉감 조끼허리감 (면 100%) 110cm폭 * 45cm
· 안감 스란단 55cm폭 * 120cm
· 안감 치마 55cm폭 * 360cm
· 안감 조끼허리감 (면 100%) 110cm폭 * 45cm
· 스냅단추 3쌍, 스란단용 금박 250cm

[만드는 방법]
1. 재단하기
−패턴을 대고 상하좌우 각 1cm의 시접을 주고 재단한다.
−겉감 치마 4장, 조끼허리감 2장, 스란단 2장, 안감 치마 4장
2. 겉감 치마 잇기
① 겉감 치마 4장을 연결하고 모두 가름솔로 다린다.
② 앞 여밈의 가슴 부분은 15cm를 제외하고 봉합한다.
③ 겉감 치마 밑단 시접을 0.5cm폭으로 두 번 접어서 봉합한다.
3. 안감 치마 잇기
④ ①~②까지 겉감치마와 동일하게 작업한다.
⑤ 스란단을 겉끼리 마주 대고 양 끝을 봉합하여 가름솔로 다린 후, 통으로 만들어준다.
⑥ 스란단의 한쪽 시접을 안으로 1cm 꺾어 다려준다.
⑦ 스란단 중심선을 기준으로 반으로 접어 다려둔다.
⑧ 안감 치마의 겉과 스란단의 겉을 맞대고 둘레를 봉합한다.
⑨ 안감 치마의 안쪽면 ⑧봉합선과 ⑥의 접음선을 맞춰서 상침한다.
4. 겉감 치마와 안감 치마 잇기
⑩ 겉감과 안감의 안을 맞대고 트임을 공그르기로 연결하고, 허리 둘레의 시접은 시침한다.
⑪ 치마 허리둘레에 일정한 간격으로 주름을 잡아 조끼허리 길이에 맞춰준다.
5. 조끼허리 만들기
⑫ 조끼허리 겉감의 밑단 시접을 1cm 폭으로 접어 다려둔다.
⑬ 조끼허리 겉감과 안감의 뒤판 어깨 시접을 1cm 폭으로 접어 다려 패브릭 전용풀로 고정해 둔다.
⑭ 조끼허리 겉감과 안감을 겉끼리 마주대고 진동둘레와 앞뒤 목둘레를 봉합한다.
⑮ 봉합한 둥근 부분은 2~3cm 간격으로 시접에 가윗집을 주고 뒤집어 다린다.
⑯ 앞판의 어깨를 뒤판의 어깨 사이로 밀어 넣고 봉합한다.
6. 조끼허리와 몸판 연결하기
⑰ 안감 치마의 겉과 안감 조끼허리의 겉을 맞대고 봉합한다.
⑱ 치마와 조끼허리 안감을 연결한 시접을 조끼허리 쪽으로 꺾어 다린다.
⑲ ⑫의 접음선을 ⑯의 봉합선에 맞춰서 조끼허리에서 상침한다.
⑳ 착장자의 사이즈에 맞춰 스냅단추를 조끼허리 앞 여밈에 달아준다.

69

세상에서 가장 아름다운 우리 공주님을 위한 여아 한복

2. 겉감 치마 잇기

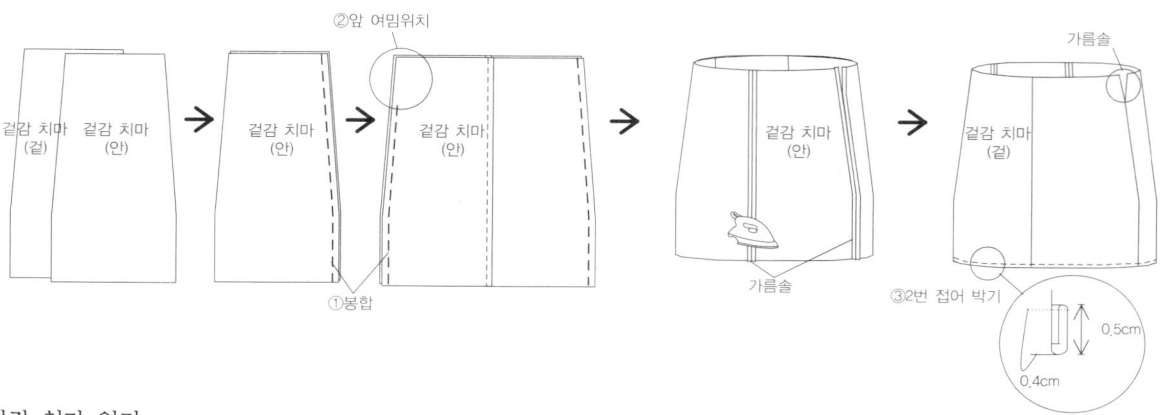

②앞 여밈위치

겉감 치마 (겉)　겉감 치마 (안)　→　겉감 치마 (안)　→　겉감 치마 (안)　→　겉감 치마 (안)　→　겉감 치마 (겉)

①봉합

가름솔

가름솔

③2번 접어 박기

0.5cm

0.4cm

3.안감 치마 잇기

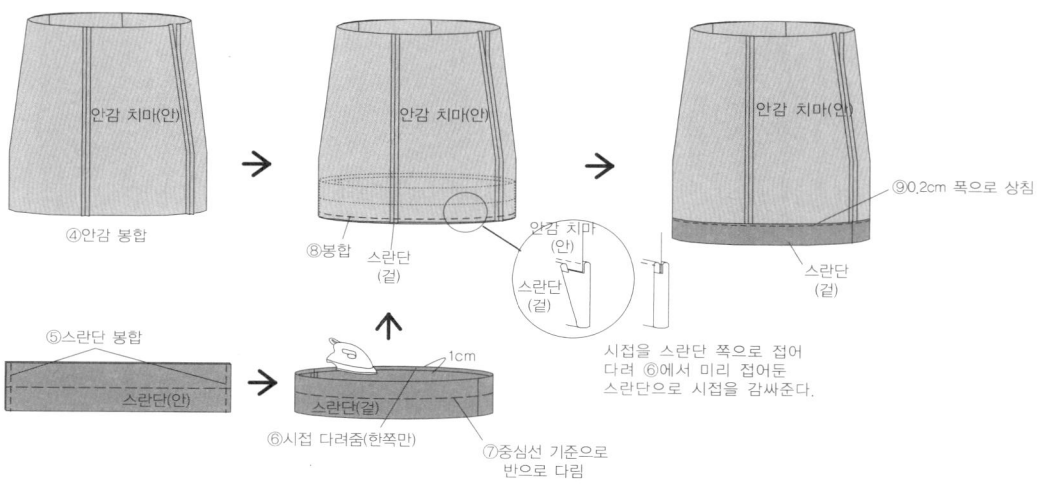

④안감 봉합

안감 치마(안)

⑧봉합

스란단 (겉)

안감 치마 (안)

스란단 (겉)

안감 치마(안)

⑨0.2cm 폭으로 상침

스란단 (겉)

시접을 스란단 쪽으로 접어 다려 ⑥에서 미리 접어둔 스란단으로 시접을 감싸준다.

⑤스란단 봉합

스란단(안)

1cm

스란단(겉)

⑥시접 다려줌(한쪽만)

⑦중심선 기준으로 반으로 다림

4. 겉감과 안감 치마 잇기

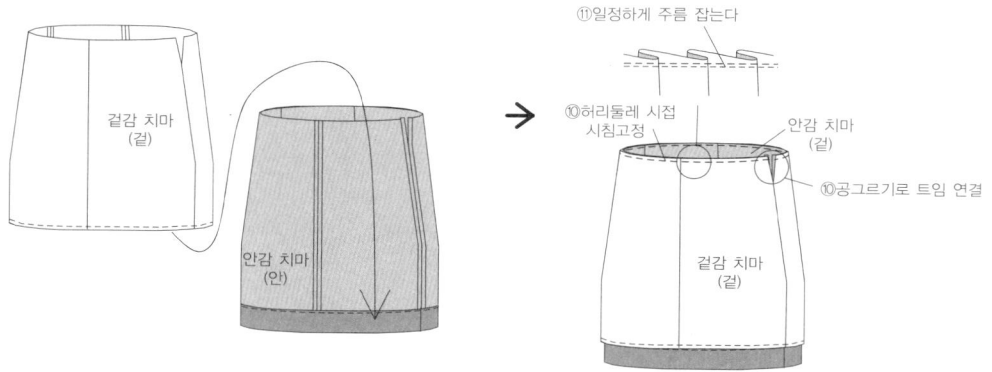

겉감 치마 (겉)

안감 치마 (안)

⑪일정하게 주름 잡는다

⑩허리둘레 시접 시침고정

안감 치마 (겉)

⑩공그르기로 트임 연결

겉감 치마 (겉)

5. 조끼허리 만들기

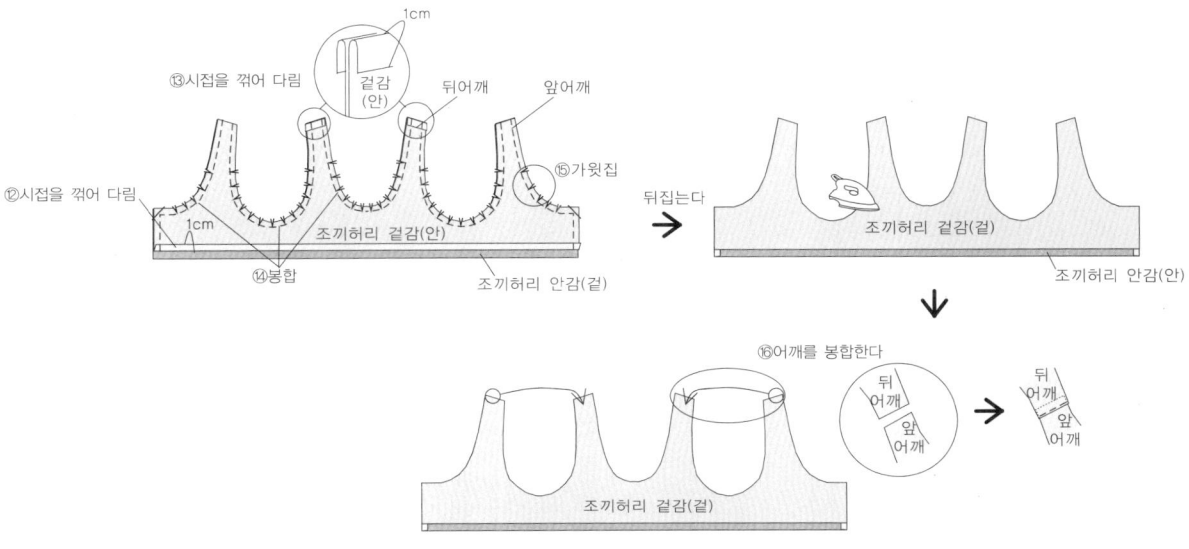

6. 조끼허리와 치마 연결하기

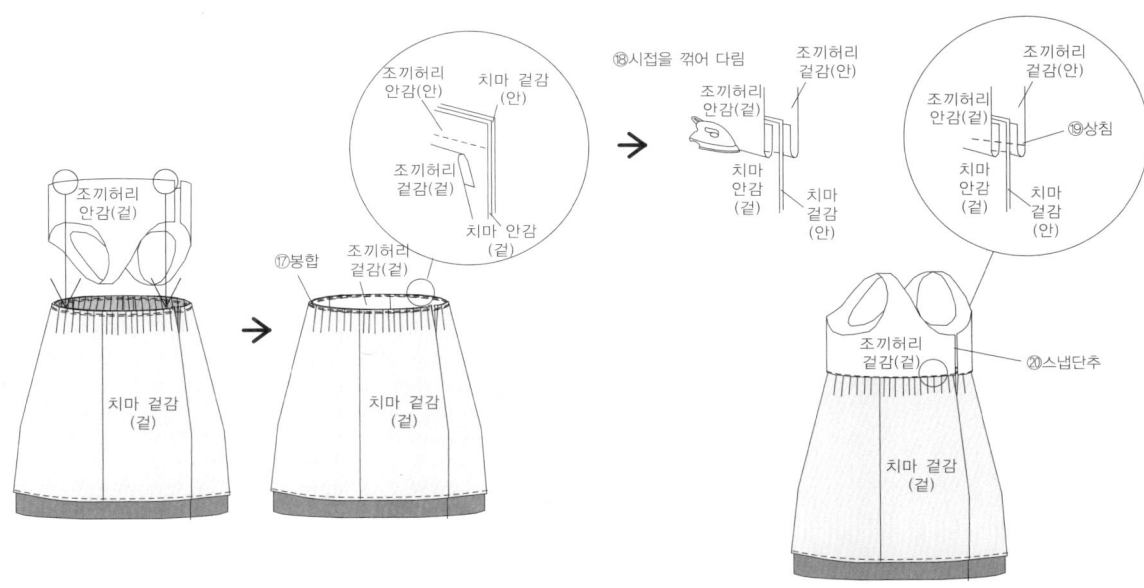

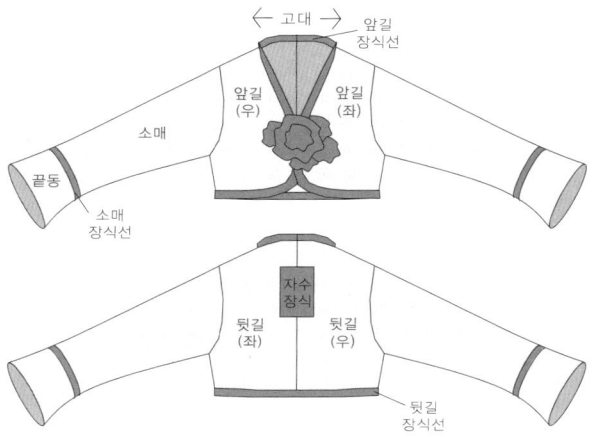

[재료]

*시접을 포함하여 재단 시 준비하는 사이즈
· 겉감 55cm폭 * 150cm
· 겉감 장식선 55cm폭 * 70cm
· 안감 55cm폭 * 150cm
· 소잉심지 110cm폭 * 90cm
· 앞길과 뒷길 장식용 자수장식, 스냅단추

1. 재단하기

*겉감(길과 소매)

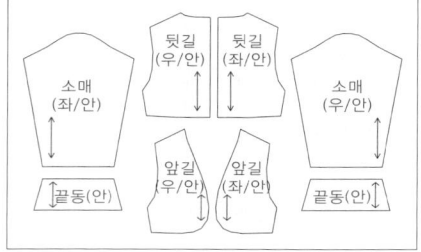

*겉감(장식선)

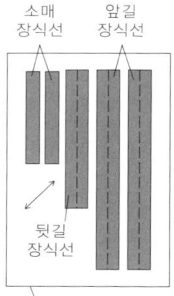

*장식선은 모두 바이어스 방향으로 재단한다.

*안감(길과 소매)

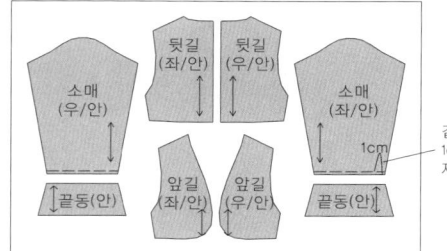

겉감보다 1cm 길게 재단

[만드는 방법]

1. 재단하기

–패턴을 대고 상하좌우 각 1cm의 시접을 주고 재단한다.

–겉감 앞길과 뒷길 전체는 소잉심지를 먼저 붙여준 후 재단한다.

–겉감 앞길 좌우 1장씩, 뒷길 좌우 1장씩, 소매 좌우 1장씩, 끝동 좌우 1장씩

–장식선 앞길 장식선 2장, 뒷길 장식선 1장, 소매 장식선 2장

–안감 앞길 좌우 1장씩, 뒷길 좌우 1장씩, 소매(장식선 포함) 좌우 1장씩, 끝동 좌우 1장씩

*반드시 재단도와 동일하게 형태와 식서방향을 맞춰 재단해야 합니다.

2. 겉감 만들기

① 뒷길의 등솔기를 봉합하고 시접은 왼길 쪽으로 꺾어 다린 후, 자수 장식을 상침하여 달아준다.

② 앞길과 뒷길의 어깨를 봉합하고 시접을 뒷길로 꺾어 다림

③ 앞 장식선과 뒤 장식선을 만들어서 앞·뒤판에 고정

④ 소매와 장식선을 연결

⑤ 장식선과 끝동을 연결

⑥ 소매를 몸판에 연결, 가윗밥을 낸 후 시접은 길 쪽으로 꺾어 다림

3. 안감 만들기

⑦ 안감 뒷길의 등솔기를 봉합하고 시접은 오른길 쪽으로 꺾어 다린.

⑧ 안감 앞길과 뒷길의 겉을 맞대고 어깨를 봉합 후, 그 시접을 뒷길 쪽으로 꺾어 다림

⑨ 소매와 끝동을 봉합하고 시접은 끝동 쪽으로 꺾어 다림

⑩ 소매를 길에 봉합하여 달아주고, 가윗밥을 낸 후 시접은 길 쪽으로 꺾어 다림.

4. 겉감과 안감 연결하기

⑪ 겉감과 안감의 겉을 맞대고 소매 끝동, 뒷길의 도련, 앞길의 도련~여밈~고대까지 봉합한 후, 앞길 도련과 어깨시접에 가윗밥

⑫ 봉합한 모든 시접은 겉감 쪽으로 꺾어 다리고 앞길을 뒤집어서 겉쪽에서 다림질한다.

5.소매 배래와 옆선 연결하기

⑬ 앞길을 뒷길의 겉감과 안감 사이에 넣어서 소매 배래와 옆선의 시접을 네겹으로 만든다.

⑭ 한쪽 소매와 옆선은 네겹을 함께 봉합한다.

⑮ 한쪽 소매와 옆선은 네겹 함께 봉합하되 창구멍을 남기고, 남긴 창구멍은 세겹 봉합한다.

⑯ 창구멍으로 뒤집어 준 후, 손바느질로 창구멍을 막는다.

6.자수 장식 달고 마무리하기

⑰ 자수 장식을 앞길 우측에 상침하여 고정

⑱ 앞길 좌우에 스냅단추를 달아서 완성

2. 겉감 만들기

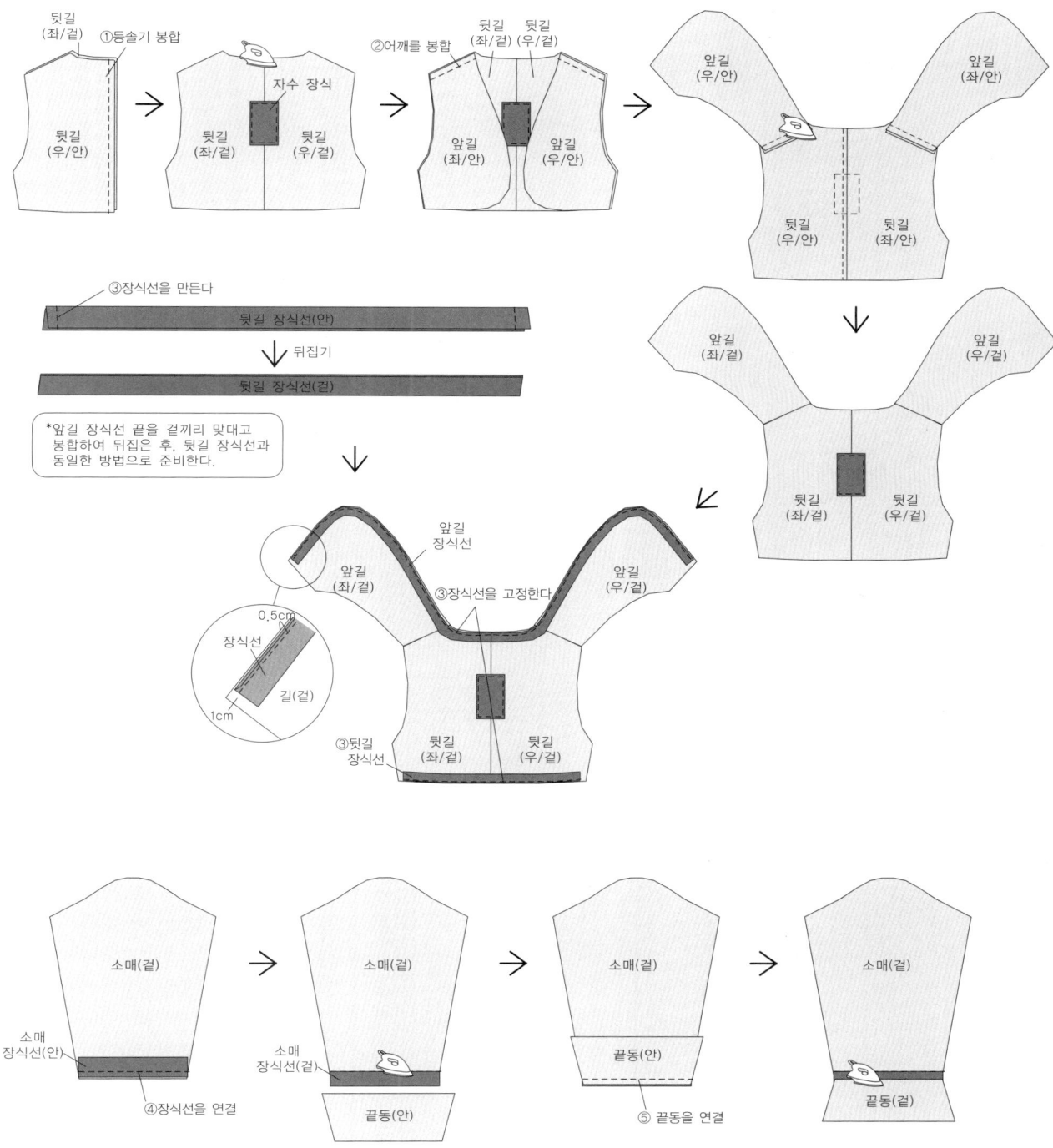

①등솔기 봉합

뒷길
(좌/겉)

뒷길
(우/안)

자수 장식

뒷길
(좌/겉)

뒷길
(우/겉)

②어깨를 봉합

뒷길
(좌/겉)

뒷길
(우/겉)

앞길
(좌/안)

앞길
(우/안)

앞길
(우/안)

앞길
(좌/안)

뒷길
(우/안)

뒷길
(좌/안)

③장식선을 만든다

뒷길 장식선(안)

뒤집기

뒷길 장식선(겉)

*앞길 장식선 끝을 겉끼리 맞대고
봉합하여 뒤집은 후, 뒷길 장식선과
동일한 방법으로 준비한다.

앞길
(좌/겉)

앞길
(우/겉)

뒷길
(좌/겉)

뒷길
(우/겉)

앞길
장식선

앞길
(좌/겉)

앞길
(우/겉)

③장식선을 고정한다

0.5cm

장식선

길(겉)

1cm

③뒷길
장식선

뒷길
(좌/겉)

뒷길
(우/겉)

소매(겉)

소매
장식선(안)

④장식선을 연결

소매(겉)

소매
장식선(겉)

끝동(안)

소매(겉)

끝동(안)

⑤ 끝동을 연결

소매(겉)

끝동(겉)

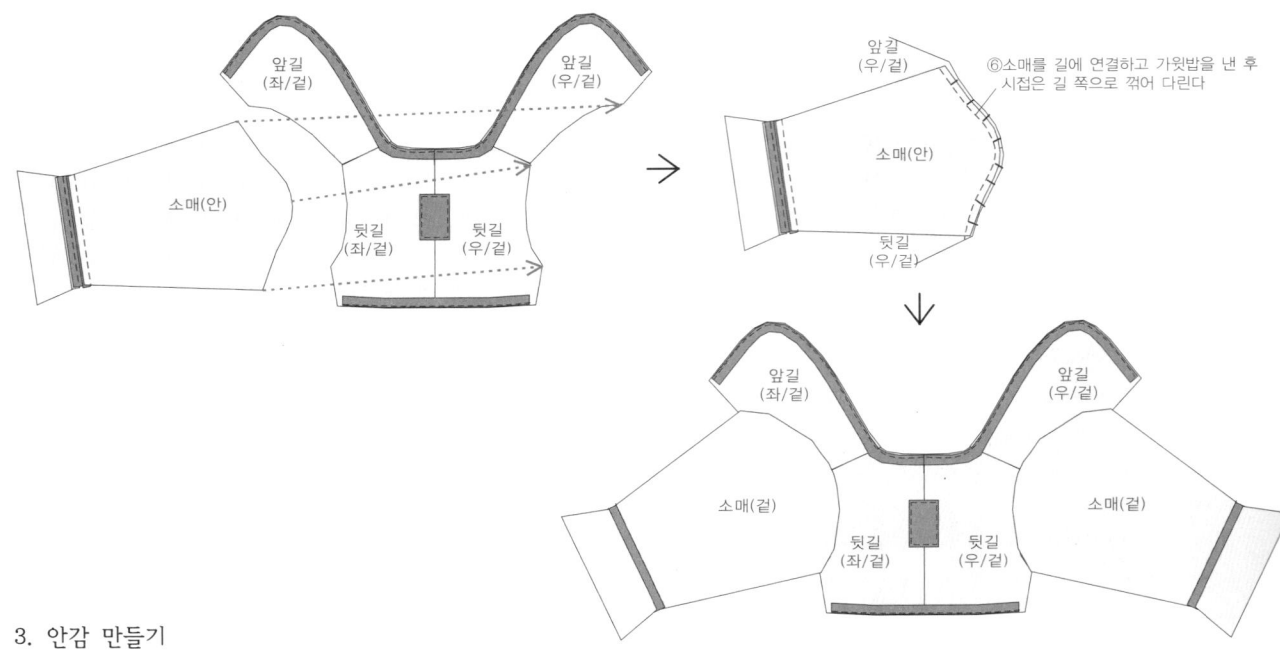

3. 안감 만들기

* ⑦~⑧은 겉감 제작과정과 동일합니다.

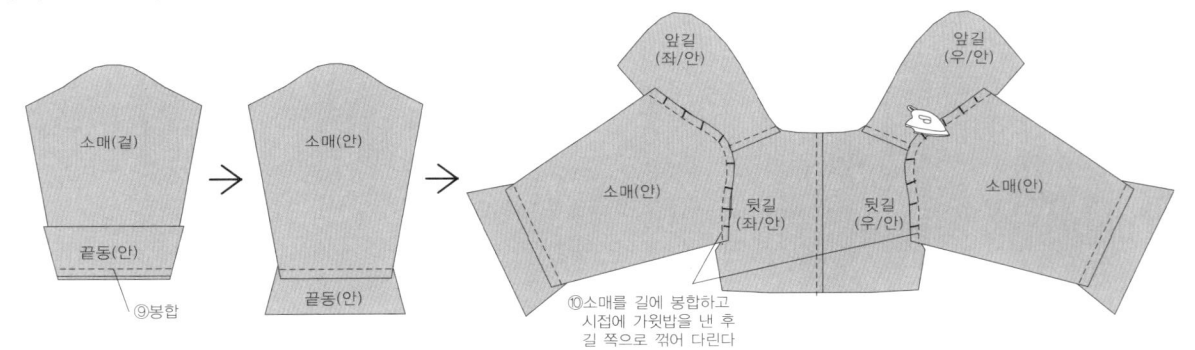

4. 겉감과 안감 연결하기

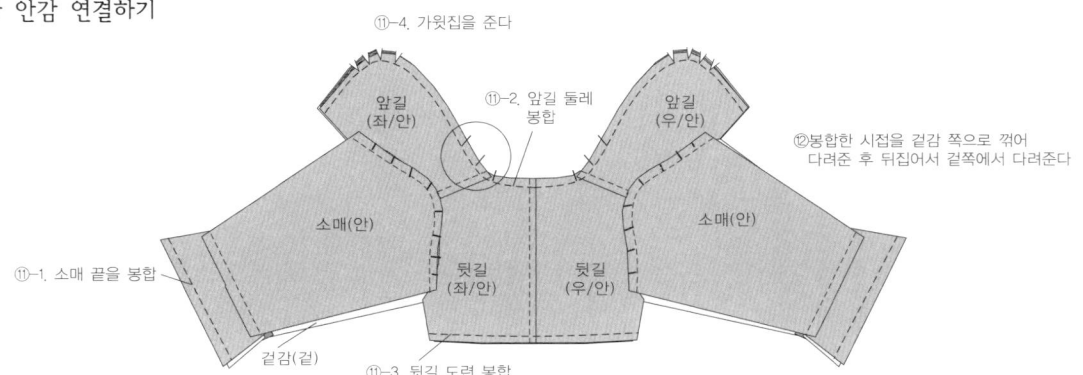

5. 소매 배래와 옆선 박기

p.49의 4-6 ～ 4-9 과정 참고

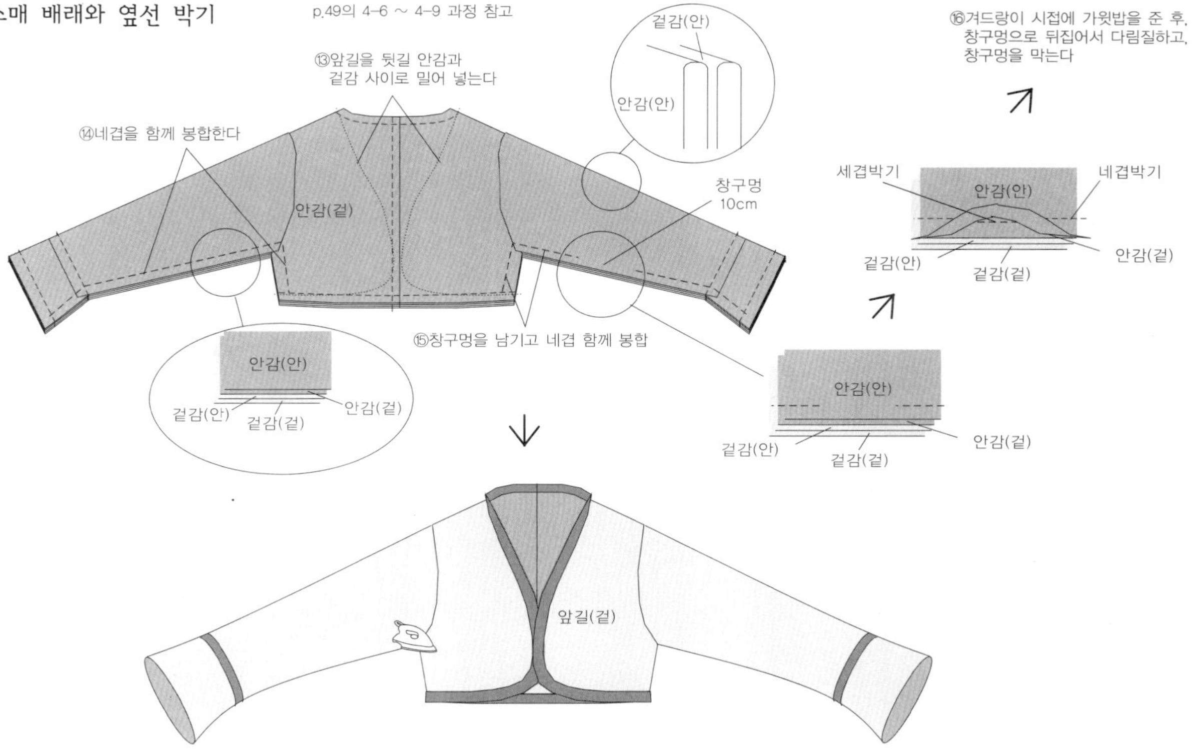

⑬앞길을 뒷길 안감과
겉감 사이로 밀어 넣는다

⑭네겹을 함께 봉합한다

안감(겉)

⑮창구멍을 남기고 네겹 함께 봉합

안감(안)

겉감(안)

안감(안)

창구멍
10cm

⑯겨드랑이 시접에 가윗밥을 준 후,
창구멍으로 뒤집어서 다림질하고,
창구멍을 막는다

세겹박기   네겹박기

안감(안)

겉감(안)   겉감(겉)   안감(겉)

안감(안)

겉감(안)   겉감(겉)   안감(겉)

안감(안)

겉감(안)   겉감(겉)   안감(겉)

앞길(겉)

6. 자수 장식 달고 마무리한다.

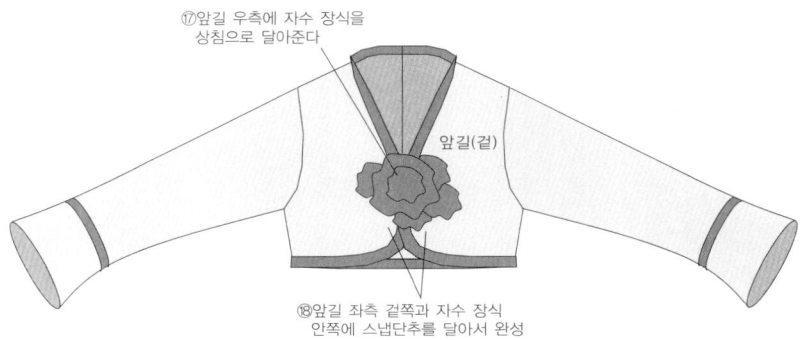

⑰앞길 우측에 자수 장식을
상침으로 달아준다

앞길(겉)

⑱앞길 좌측 겉쪽과 자수 장식
안쪽에 스냅단추를 달아서 완성

세상에서 가장 아름다운 우리 **공주님**을 위한 **여아한복**

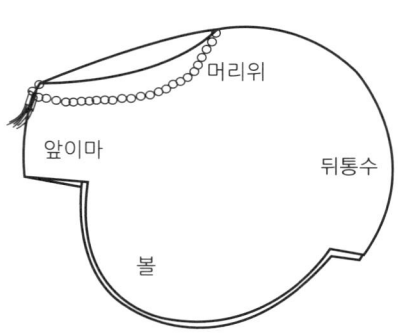

[재료]
*시접을 포함하여 재단 시 준비하는 사이즈
 ·겉감 110cm폭 * 30cm
 ·안감 110cm폭 * 30cm
 ·금박, 장식진주, 매듭 술장식, 파이핑 150cm

[만드는 방법]
1. 재단하기
–패턴을 대고 상하좌우 각 1cm의 시접을 주고 재단한다.
–겉감 좌우 각 1장씩, 안감 좌우 각 1장씩 재단한다.
–뒤통수용 바이어스를 4cm*25cm 준비한다.
2. 겉감 만들기
① 겉감 겉면에 금박을 한다.
② 겉감 볼에 주름을 잡아서 시접에 시침해 둔다.
③ 겉감을 겉끼리 맞대어 이마 중심을 봉합한다.(가름솔로 처리)
3. 안감 만들기
④ 안감의 볼에 주름을 잡아서 시접에 시침해둔다.
⑤ 안감을 겉끼리 맞대어 이마 중심을 봉합한다.(가름솔로 처리)
4. 겉감과 안감 연결하기
⑥ 겉감의 시접에 파이핑을 시침한다.
⑦ 겉감과 안감의 겉을 맞대고 뒤통수를 제외하고 봉합한다.
⑧ 봉합한 모서리와 오목한 곡선에 가윗밥을 준 후, 뒤집어 다린다.
⑨ 겉감을 마주 대고 반으로 접어 뒤통수를 바이어스 처리한다.
⑩ 구슬장식과 술장식을 달아서 완성한다.

1. 재단하기

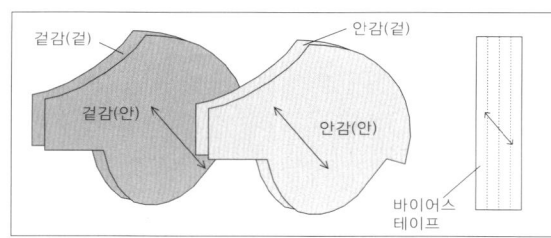

2. 겉감 만들기

3. 안감 만들기

*안감은 금박 작업을 제외하고 겉감과 동일하게 작업

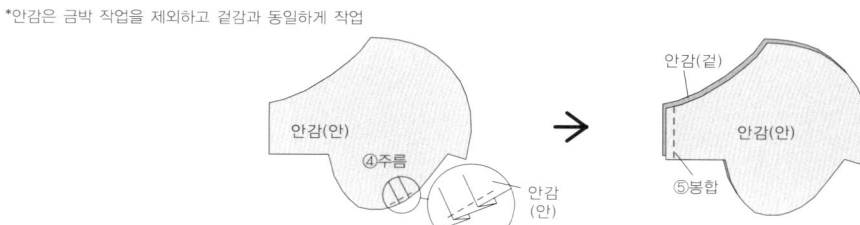

4. 겉감과 안감 연결하기

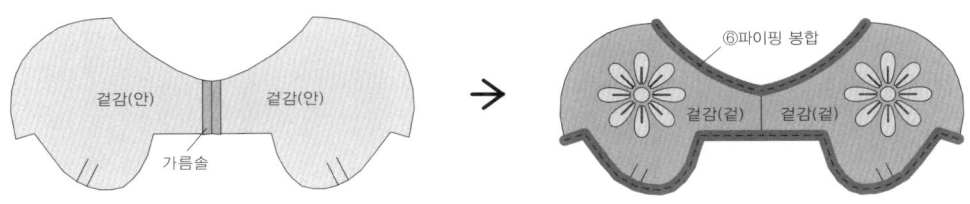

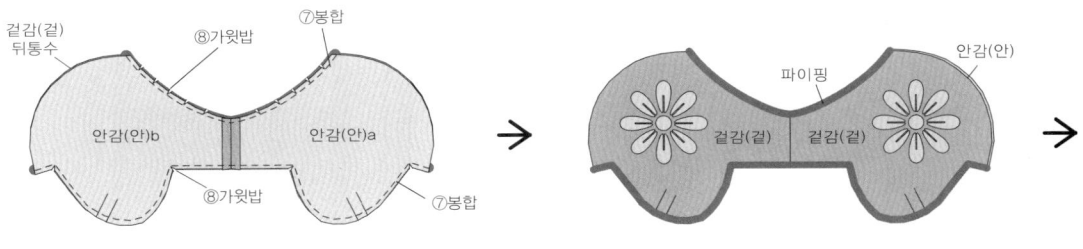

*안감의 a,b 표시는 뒤통수 바이어스
처리 시 혼동을 막기 위해 구분합니다.

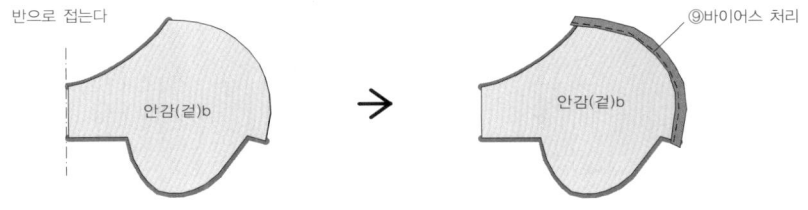

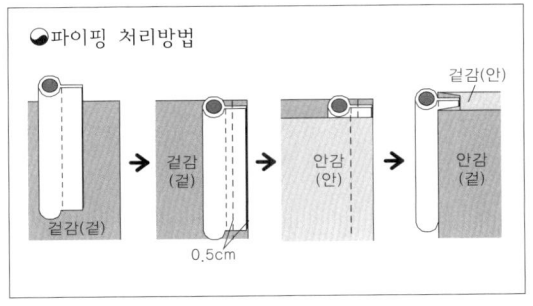

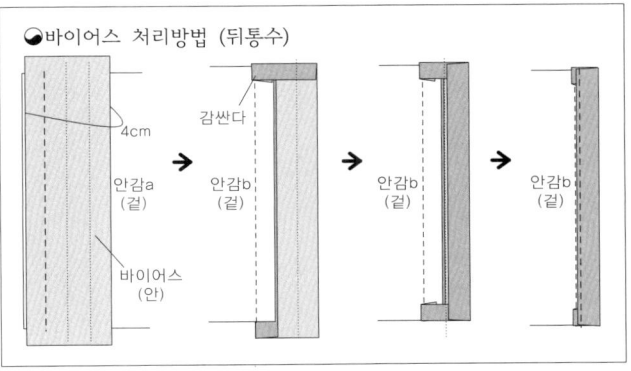

세상에서 가장 아름다운 우리 공주님을 위한 여아한복

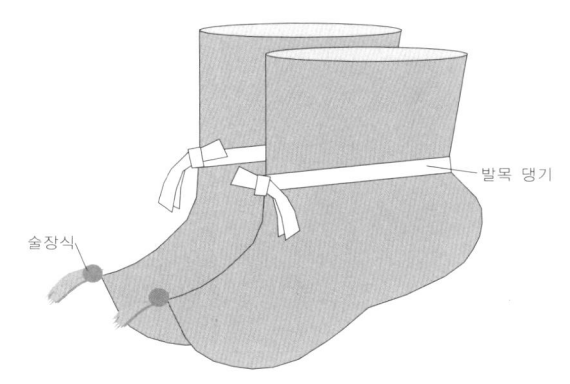

발목 댕기

술장식

1. 재단하기
-버선 겉감 4장, 안감 4장, 발목 댕기 2장

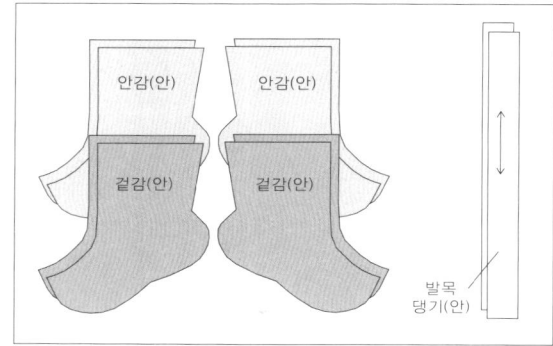

안감(안)　　안감(안)

겉감(안)　　겉감(안)

발목
댕기(안)

[재료]
*시접을 포함하여 재단 시 준비하는 사이즈
·겉감 110cm폭 * 45cm
·안감 110cm폭 * 45cm

[만드는 방법]
1. 재단하기
-패턴을 대고 상하좌우 각 1cm의 시접을 주고 재단한다.
-겉감 좌우 각 2장씩, 안감 좌우 각 2장씩 재단한다.(1쌍을 만드는 요척)
-발목 댕기를 4cm* 52cm로 2장 재단한다.

2. 발목 댕기 만들기
① 발목 댕기를 겉끼리 맞대고 반으로 접어 'ㄷ'자 봉합을 하되 중앙에 창구멍을 3cm 정도 남긴다.
② 댕기를 뒤집어 다리고 창구멍을 공그르기로 막는다.

3. 겉감 안감 잇기(한 짝 만드는 방법)
③ 겉감과 안감을 겉끼리 맞대어 입구를 연결한다. 입구 시접은 겉감 쪽으로 꺾어 다린다.
④ 겉감 뒤꿈치 시접 겉쪽에 발목 댕기를 시침해 둔다.

4. 몸판 연결하기
⑤ ③의 몸판을 안감은 안감의 겉끼리, 겉감은 겉감의 겉끼리 마주 댄 후 입구를 기준으로 반으로 접는다. 겉감의 버선코 시접에 술 장식을 고정한다.
⑥ 버선 둘레를 창구멍을 남기고 봉합한다.
⑦ 창구멍은 세겹 함께 봉합한다.
Tip. 반드시 맨 위쪽에 안감이 보이도록 하여 봉합한다.
⑧ 뒤집기 전에 버선 둘레의 시접을 겉감 쪽으로 꺾어 다리고, 모서리가 있는 부분엔 가윗밥을 준다.
⑨ 뒤집어서 창구멍을 막고 다림질하면 완성

2. 발목 댕기 만들기

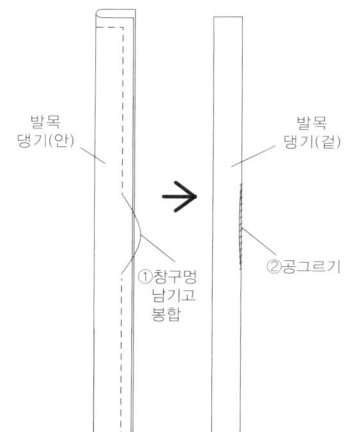

발목
댕기(안)

발목
댕기(겉)

①창구멍
남기고
봉합

②공그르기

3. 겉감과 안감 잇기

③봉합하기

안감(겉)

겉감(안)

③
겉감(안)

겉감(안)

④발목 댕기를
반접어 시접에
고정한다

안감(겉)

*2장 만든다.

4. 몸판 연결하기

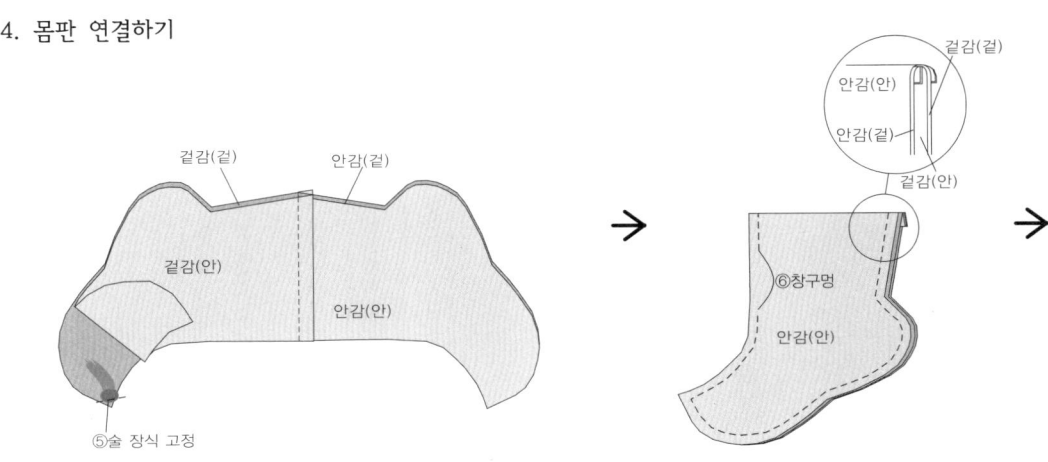

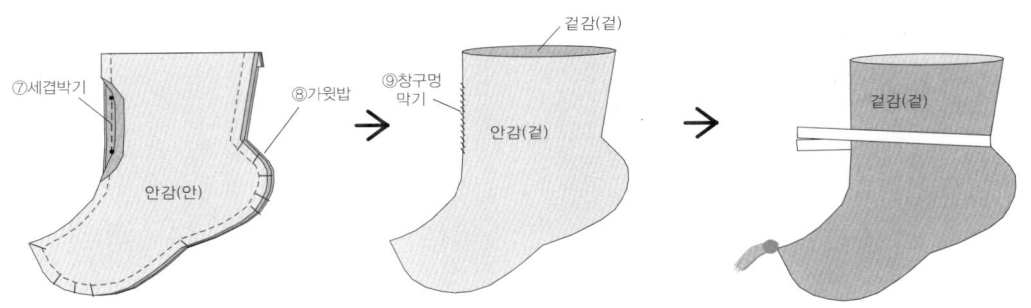

[재료]

*시접을 포함하여 재단 시 준비하는 사이즈

·겉감 몸판 23cm * 13cm 1장 (골선재단)

·안감 몸판 23cm * 13cm 1장 (골선재단)

·프레임 1개(12cm)

·자수 장식

[만드는 방법]

1. 재단하기

–패턴을 대고 상하좌우 각 1cm의 시접을 주고 재단한다.

–겉감 1장, 안감 1장을 재단한다.

2. 겉감 만들기

① 겉감 겉쪽에 장식을 상침하여 고정한다.

② 겉감을 겉끼리 맞대고 반을 접어 입구 끝까지 봉합하고, 시접은 가름솔로 다린다.

③ 양쪽의 귀를 접어서 봉합한다.

3. 안감 만들기

④ ②~③과 똑같이 안감을 만든다.

4. 겉감과 안감 연결하기

⑤ 겉감만 뒤집어 겉감과 안감의 겉끼리 맞닿도록 하여 임시 고정한다.

⑥ 입구둘레를 6cm의 창구멍을 남기고 봉합한다.

⑦ 창구멍을 제외한 입구둘레 시접을 0.5cm만 남기고 잘라낸다.

⑧ 창구멍으로 뒤집고, 창구멍을 공그르기로 막아준다.

5. 프레임에 몸판 고정하기

⑨ 프레임의 중심과 몸판의 중심을 맞춰 손바느질로 입구둘레를 고정한다.

1. 재단하기

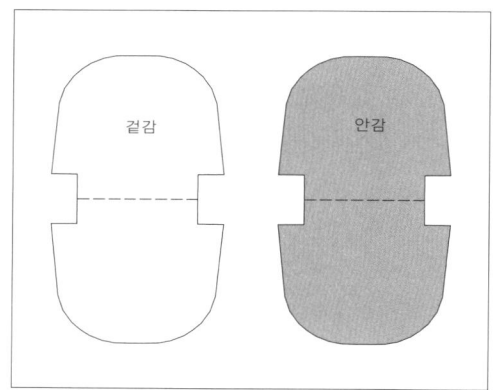

2. 겉감 만들기

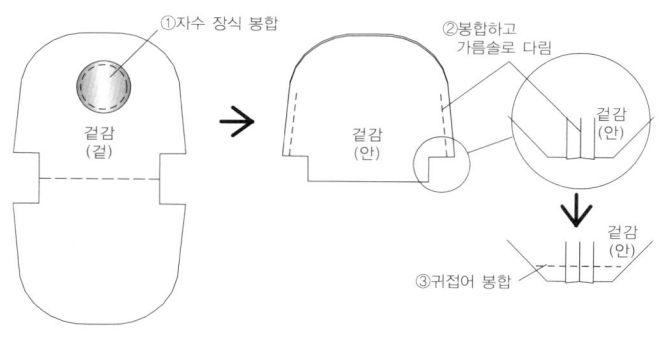

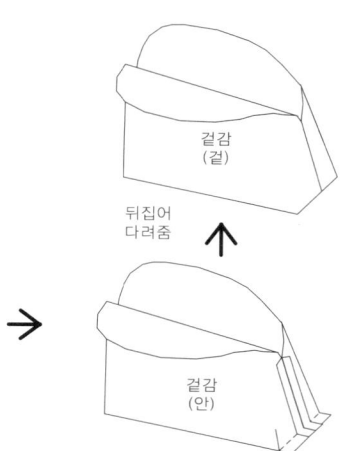

3. 안감 만들기

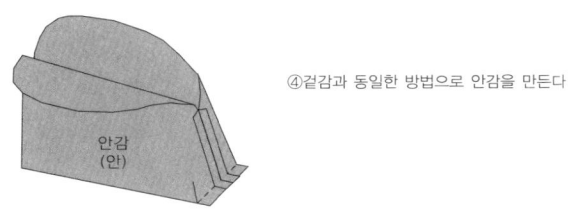

④겉감과 동일한 방법으로 안감을 만든다

4. 겉감과 안감 연결하기

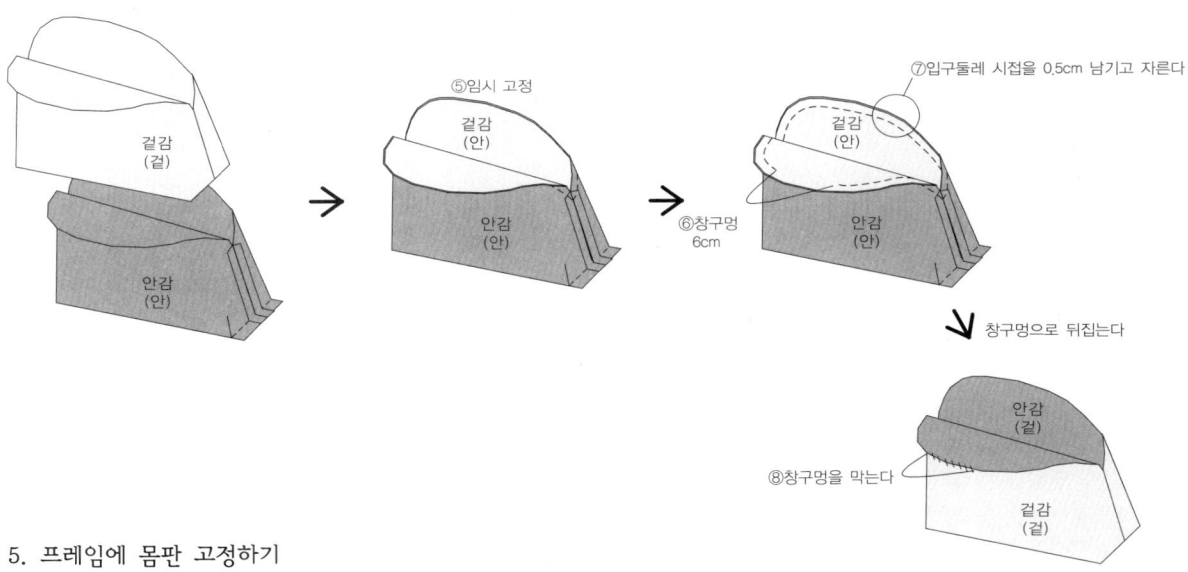

⑤임시 고정

⑥창구멍
6cm

⑦입구둘레 시접을 0.5cm 남기고 자른다

창구멍으로 뒤집는다

⑧창구멍을 막는다

5. 프레임에 몸판 고정하기

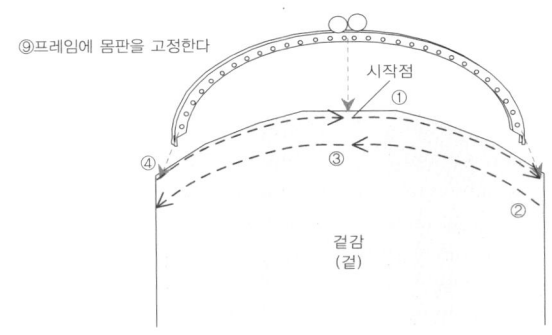

⑨프레임에 몸판을 고정한다

시작점

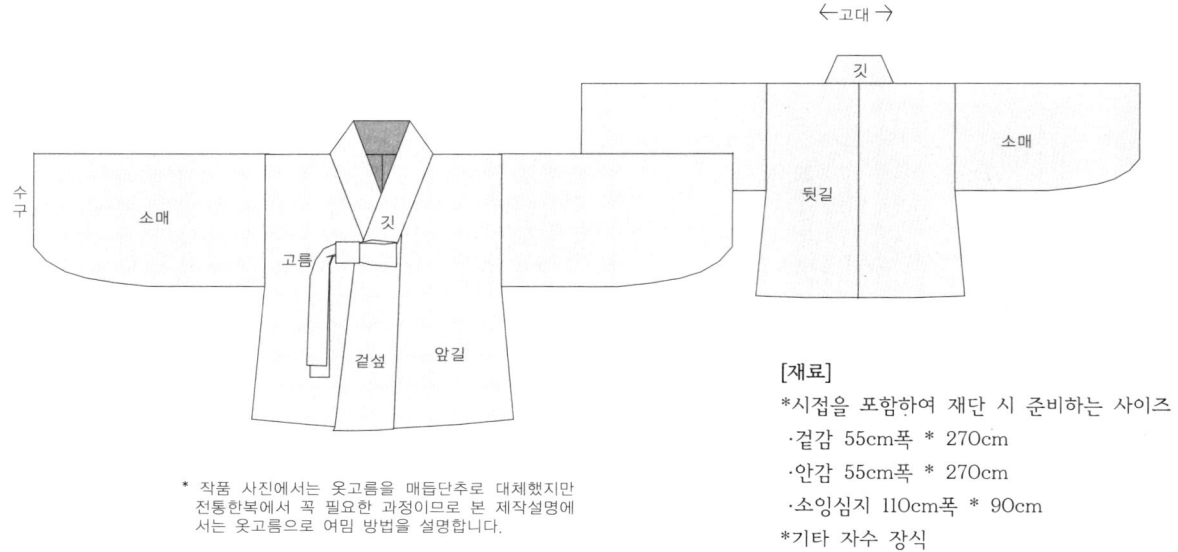

←고대→

깃

소매

뒷길

소매

수구

소매

깃

고름

겉섶   앞길

* 작품 사진에서는 옷고름을 매듭단추로 대체했지만
전통한복에서 꼭 필요한 과정이므로 본 제작설명에
서는 옷고름으로 여밈 방법을 설명합니다.

[재료]
*시접을 포함하여 재단 시 준비하는 사이즈
·겉감 55cm폭 * 270cm
·안감 55cm폭 * 270cm
·소잉심지 110cm폭 * 90cm
*기타 자수 장식

[만드는 방법]

1. 재단하기
-패턴을 대고 상하좌우 각 1cm의 시접을 주고 재단한다.
-겉감의 겉섶과 안섶, 길 및 깃안감의 안쪽에 먼저 소잉심지를
붙여준 후 재단한다.
-겉감 몸판 1장, 소매 2장, 긴 고름 1개, 짧은 고름 1개, 깃 1
장, 겉섶 1장, 안섶 1장
-안감 오른길 1장, 왼길 1장, 소매 2장, 깃 1장
*반드시 재단배치도와 동일하게 형태와 식서방향을 맞춰 재단
해야 합니다.
*고름은 여아저고리 패턴과 동일합니다.

2. 겉감 만들기
① 앞길 오른쪽과 왼쪽에 섶을 겉끼리 맞대고 봉합. 각 시접
은 섶 쪽으로 꺾어 다림.
② 뒷길도 중심선을 기준으로 접어 겉끼리 맞대고 등솔기를
봉합. 시접은 입었을 때 오른쪽으로 꺾어 다림.
③ 앞 뒷길을 중심선을 기준으로 접어 겉끼리 맞대고 어깨솔
기를 고대 옆 맞춤점까지만 봉합, 시접은 뒤쪽으로 꺾어 다린
다.
④ 소매와 몸판을 겉끼리 맞대고 완성선까지만 봉합한다.
⑤ 몸판의 겨드랑이 시접에 가윗밥을 주고, 가윗밥 위 시접은
소매 쪽으로, 가윗밥 아래 시접은 가름솔로 꺾어 다림

3. 안감 만들기
⑥ 몸판 겉끼리 맞대고 등솔기만 맞춤점에 맞춰서 봉합. 시접
은 입었을 때 겉감과 반대로 꺾어 다린 후, 어깨를 봉합한다.
⑦ 소매를 겉감과 동일한 방법으로 달고, 몸판 시접에 가윗밥
을 주고, 꺾어 다린다.

4. 겉감과 안감 연결하기

⑧ 겉감과 안감의 겉끼리 맞대고, 고대와 중심선, 어깨 끝점
등을 맞춰서 핀으로 시침
⑨ 앞 좌우 길의 섶선~도련을 각각 봉합하고, 뒷길의 도련을
봉합한다.
⑩ 수구를 완성점까지만 봉합한다.
⑪ ⑨와 ⑩의 봉합한 시접은 겉감 쪽으로 꺾어 다려둔다.

5. 소매 배래와 옆선 연결
⑫ 좌우 앞길을 겉으로 뒤집고 뒷길의 안감과 겉감 사이로 밀
어 넣어, 소매와 옆선을 4겹으로 만든다.
⑬ 소매 배래~옆선을 잘 맞춰서 봉합하고 겨드랑이 시접에
가윗밥을 준다.
⑭ 고대 쪽으로 뒤집어서 다림질하고, 목둘레를 시침한다.

6. 깃 만들어 달기
⑮ 깃 본(깃머리 패턴의 끝을 딱딱한 종이로 10cm정도 만들
어둔다.)을 이용해서 깃머리의 시접을 꺾어 다려둔다.
⑯ 깃겉감과 깃안감을 겉끼리 맞대고 연결한다.
⑰ 깃의 위치를 잡고 깃머리를 제외한 깃과 길의 시접을 겉끼
리 맞대어 봉합한다.
⑱ 겉감의 깃머리를 시침하여 공그르기로 고정한다.
⑲ 깃겉감과 깃안감의 안깃 부분을 겉끼리 맞대어 봉합한 후
남는 깃은 잘라낸다.
⑳ 깃안감의 시접은 꺾어 다린 후, 공그르기나 새발뜨기로 안
감에 고정.

7. 고름 만들어 달기
㉑ 고름은 창구멍을 남기고 겉끼리 맞대고 둘레를 봉합한다.
㉒ 고름의 시접을 한쪽으로 꺾어 다린 후, 뒤집어서 한번 더
다려주고, 창구멍을 막는다.
㉓ 앞길 좌우의 고름 위치에 고름을 달아준다.

1. 재단하기

－겉감 재단

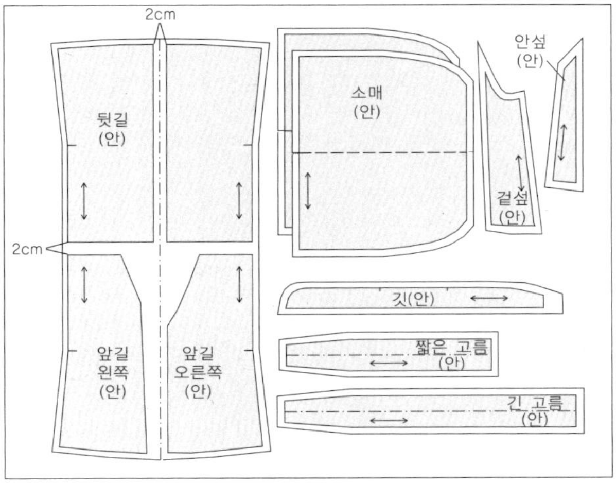

2cm

뒷길
(안)

2cm

앞길
왼쪽
(안)

앞길
오른쪽
(안)

소매
(안)

안섶
(안)

겉섶
(안)

깃(안)

짧은 고름
(안)

긴 고름
(안)

*길의 재단은 삼회장 저고리와 같이 뒷길과 앞길을 붙여 재단하는
방법과 위 그림과 같이 배치하여 재단하는 방법이 있습니다

－안감 재단

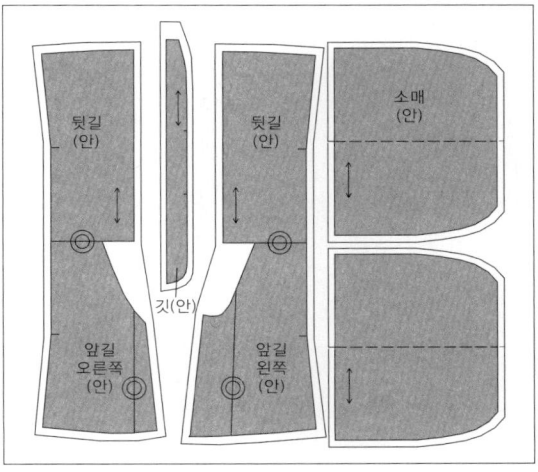

뒷길
(안)

뒷길
(안)

소매
(안)

깃(안)

앞길
오른쪽
(안)

앞길
왼쪽
(안)

2. 겉감 만들기

뒷길
(겉)

안섶
(우/안)

겉섶
(좌/안)

앞길
(우/겉)

앞길
(좌/겉)

자르기

→

뒷길
(겉)

앞길
(우/겉)

겉섶
(좌/안)

①섶을 연결

→

뒷길
(안)

②등솔기 봉합

앞길
(좌/안)

→

뒷길
(겉)

겉섶
(좌/겉)

앞길
(좌/겉)

→

③고대 끝점까지만 봉합

뒷길
(안)

뒷길
(안)

→

뒷길
(안)

앞길
(우/안)

앞길
(좌/안)

소매
(겉)

겉섶
(안)

→

뒷길
(안)

④봉합

앞길
(우/안)

앞길
(좌/안)

겉섶
(안)

뒷길
(안)

소매
(겉)

⑤몸판 시접만 가윗밥

↓

1cm

길
(안)

소매
시접

소매
(안)

→

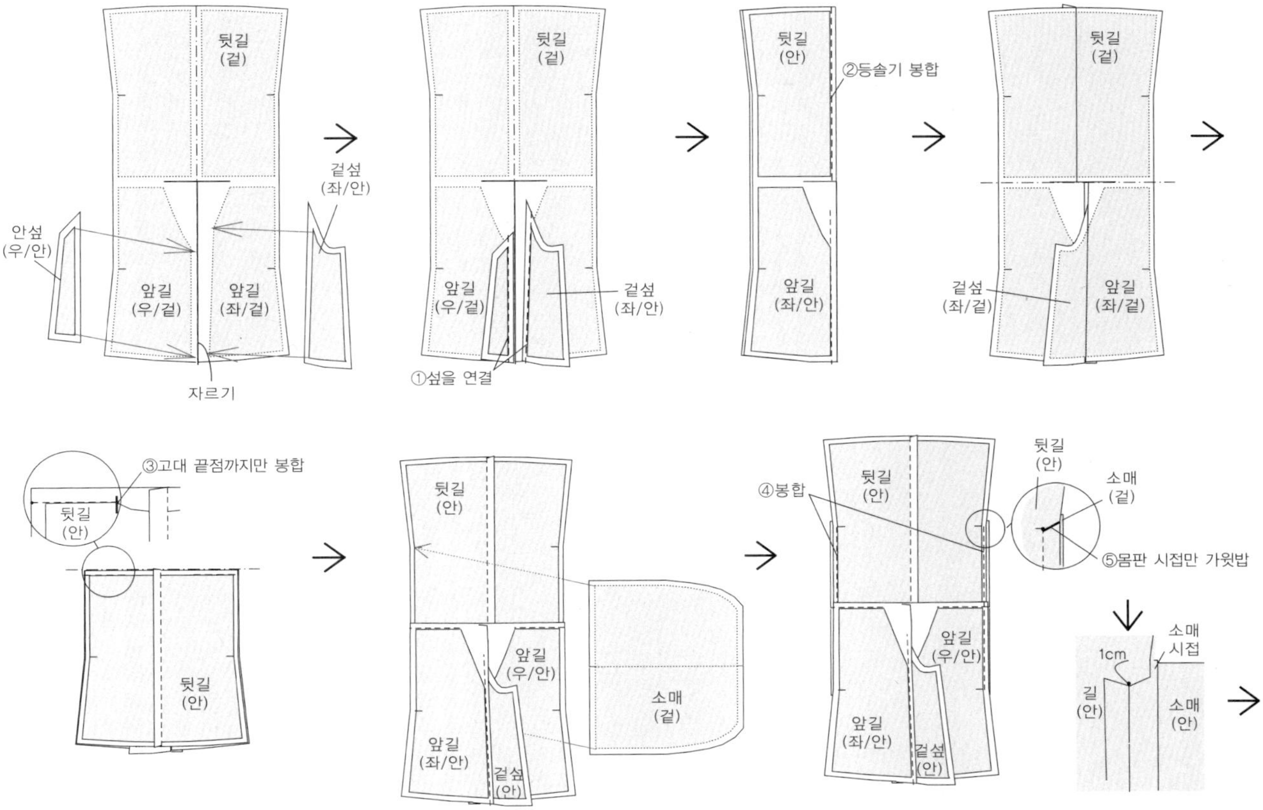

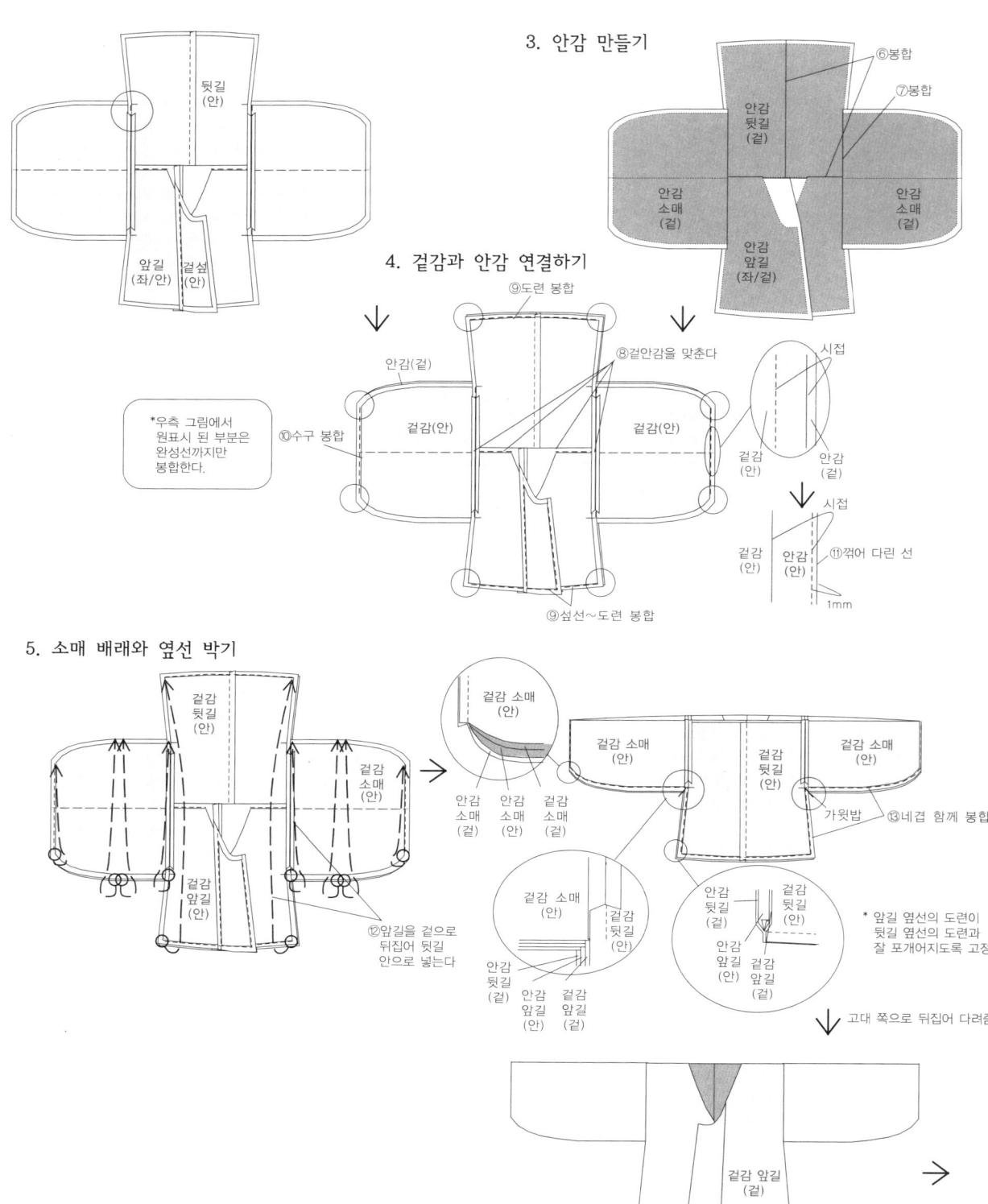

3. 안감 만들기

4. 겉감과 안감 연결하기

5. 소매 배래와 옆선 박기

6. 깃 만들어 달기

7. 고름 만들어 달기

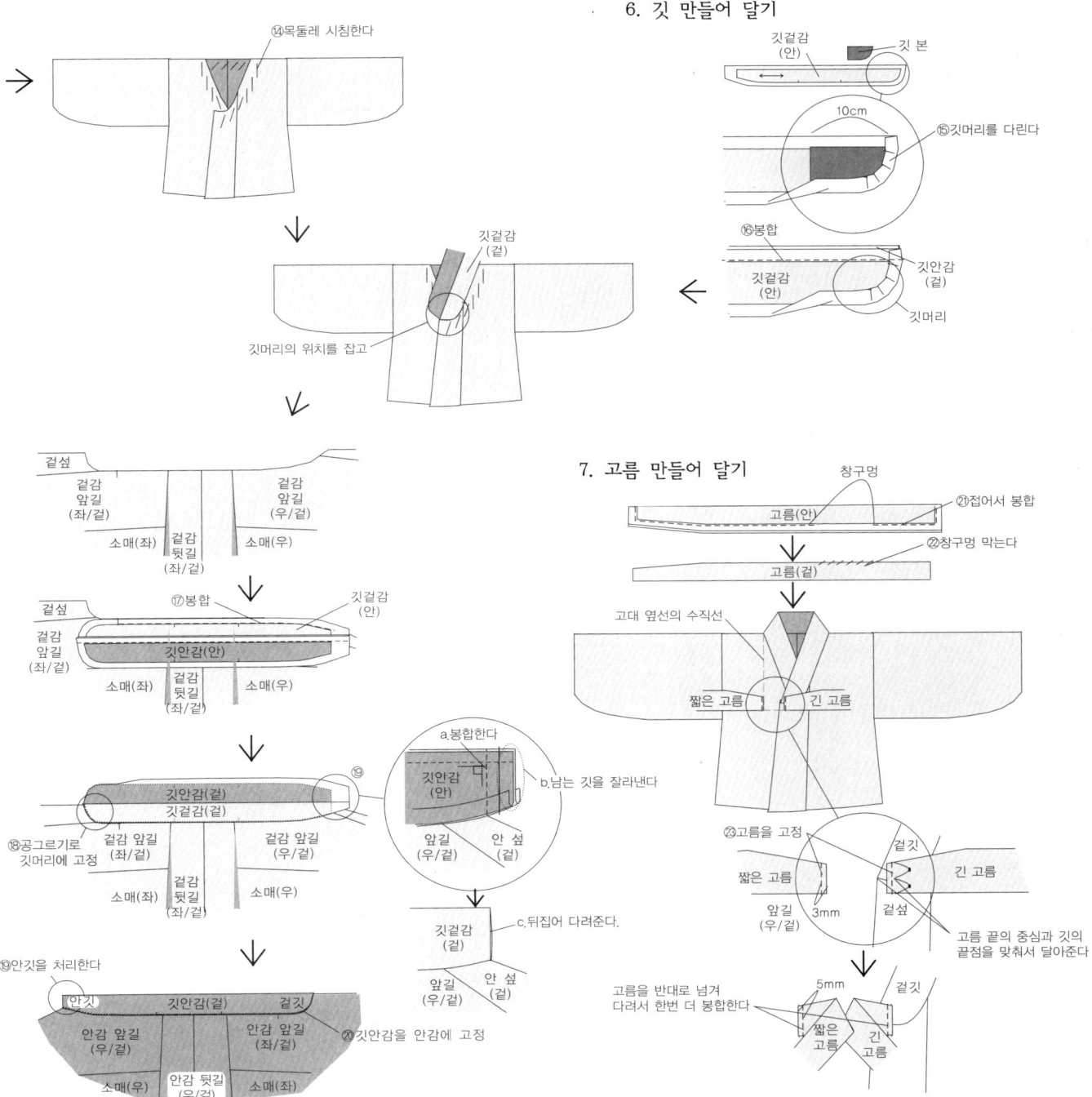

⑭목둘레 시침한다

깃겉감(안)
깃 본
10cm
⑮깃머리를 다린다
⑯봉합
깃안감(겉)
깃겉감(안)
깃머리

깃겉감(겉)
깃머리의 위치를 잡고

겉섶
겉감 앞길(좌/겉)
겉감 앞길(우/겉)
소매(좌)
겉감 뒷길(좌/겉)
소매(우)

겉섶
⑰봉합
깃겉감(안)
겉감 앞길(좌/겉)
깃안감(안)
소매(좌)
겉감 뒷길(좌/겉)
소매(우)

깃안감(겉)
깃겉감(겉)
⑲
⑱공그르기로 깃머리에 고정
겉감 앞길(좌/겉)
겉감 앞길(우/겉)
소매(좌)
겉감 뒷길(좌/겉)
소매(우)

a.봉합한다
깃(안)
b.남는 깃을 잘라낸다
앞길(우/겉)
안 섶(겉)

깃겉감(겉)
c.뒤집어 다려준다.
앞길(우/겉)
안 섶(겉)

⑲안깃을 처리한다
안깃
깃안감(겉)
겉깃
안감 앞길(우/겉)
안감 앞길(좌/겉)
소매(우)
안감 뒷길(우/겉)
소매(좌)
⑳깃안감을 안감에 고정

창구멍
고름(안)
㉑접어서 봉합
㉒창구멍 막는다
고름(겉)

고대 옆선의 수직선
짧은 고름
긴 고름

㉓고름을 고정
짧은 고름
앞길(우/겉)
3mm
겉깃
긴 고름
겉섶
고름 끝의 중심과 깃의 끝점을 맞춰서 달아준다

고름을 반대로 넘겨 다려서 한번 더 봉합한다
5mm
겉깃
짧은 고름
긴 고름

세상에서 가장 멋진 우리 왕자님을 위한 남아 한복

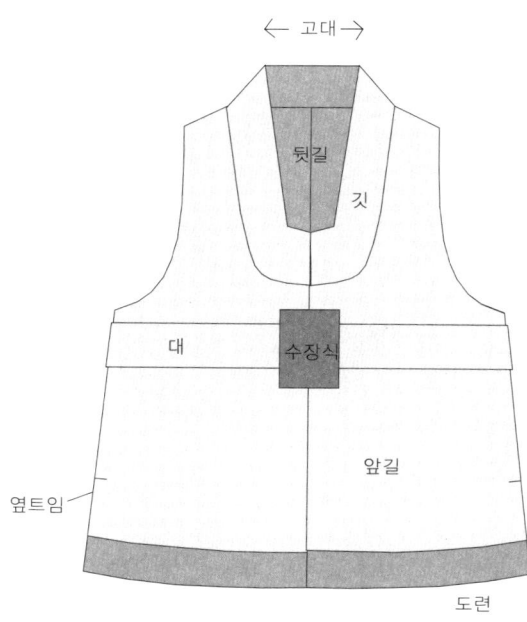

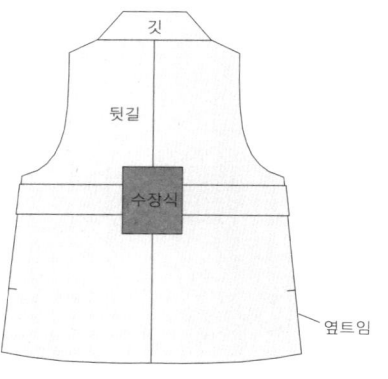

[재료]
*시접을 포함하여 재단 시 준비하는 사이즈
 ·겉감 55cm폭 * 150cm
 ·안감 55cm폭 * 120cm
 ·소잉심지 110cm폭 * 45cm
*기타 자수 장식

[만드는 방법]
1. 재단하기
-패턴을 대고 상하좌우 각 1cm의 시접을 주고 재단한다.
-깃안감과 대에는 소잉심지를 붙여준 후 재단한다.
-겉감 앞길 2장, 뒷길 2장, 깃겉감 1장, 대 1장
-안감 앞길 2장, 뒷길 2장, 깃안감 1장
2. 앞길 만들기
① 앞길 겉감과 앞길 안감을 맞대고 소매둘레와 여밈선~도련~옆트임점까지 봉합한다.
② 소매둘레 시접에는 2~3cm 간격으로 가윗밥을 0.8cm 깊이로 준다.
③ 옆트임 끝점 시접에 가윗밥을 준다.
④ 뒤집어서 다림질한다.
3. 뒷길 만들기
⑤ 뒷길 겉감을 겉끼리 맞대고 등솔기를 봉합하고 시접을 오른쪽으로 꺾어 다려준다.(안감 뒷길도 동일)
⑥ 뒷길 겉감의 장식 위치에 자수장식을 상침해서 고정.
⑦ 뒷길 겉감과 안감의 겉을 맞대고 소매둘레와 도련~옆트임 끝점까지 봉합한다.
⑧ 뒷길 소매둘레의 시접에 2~3cm 간격으로 가윗밥을 주고, 옆트임 끝점 시접에도 가윗밥을 준다.
⑨ ⑦에서 봉합한 모든 시접을 겉감 쪽으로 꺾어 다려둔다.
4. 앞길과 뒷길 연결하기
⑩ 앞길을 뒷길 안쪽으로 넣고, 소매와 옆선을 맞춘다. 이때

뒷길 겉감의 겉과 앞길 겉감의 겉이 맞닿게 위치시킨다.
⑪ 어깨시접과 옆선 시접을 네겹 함께 봉합한다.
⑫ 뒤집어서 다림질한다.
⑬ 목둘레를 시침질한다.
5. 깃 만들어 달기
⑭ 깃본을 만들어 깃겉감과 깃안감의 깃머리부분 시접을 안쪽으로 꺾어 다려둔다.
⑮ 깃안감의 매듭단추 고리 위치 시접에 매듭단추 고리를 시침한 후, 깃겉감과 깃안감의 겉을 맞대고 목둘레를 봉합한다.
⑯ 깃 둘레의 각진 부분에 가윗밥을 주고 뒤집어 다려준다.
⑰ 앞길 깃의 위치를 잡고 맞춤점을 표시한다.
⑱ 깃겉감의 겉과 길의 겉을 맞대고 직선 부분의 시접을 봉합한다.
⑲ 깃겉감을 봉합한 시접은 깃 쪽으로 넘겨 다리고, 깃머리를 공그르기로 앞길 겉감의 겉에 고정한다.
⑳ 깃안감은 시접을 감싸 안감에 공그르기로 고정한다.
6. 대 만들어 완성하기
㉑ 대를 봉합하여 뒤집어 다린다.
㉒ 대를 앞길 좌측에 봉합하여 고정한 후, 그 위에 자수 장식을 상침하여 고정한다.
㉓ 대를 뒷길 자수 장식으로 통과시켜, 양 옆선을 손바느질로 고정한다.
㉔ 대의 끝을 오른쪽 길에 고정한 후, 왼쪽 자수 안쪽과 오른쪽 길 겉감 쪽에 스냅단추를 단다.
㉕깃에 매듭단추를 달아 완성한다.

1. 재단하기

-겉감 재단하기

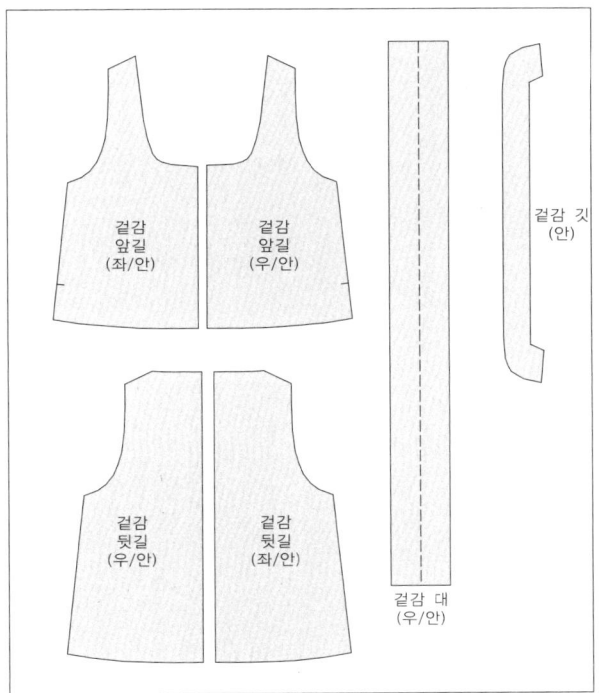

-안감 재단하기

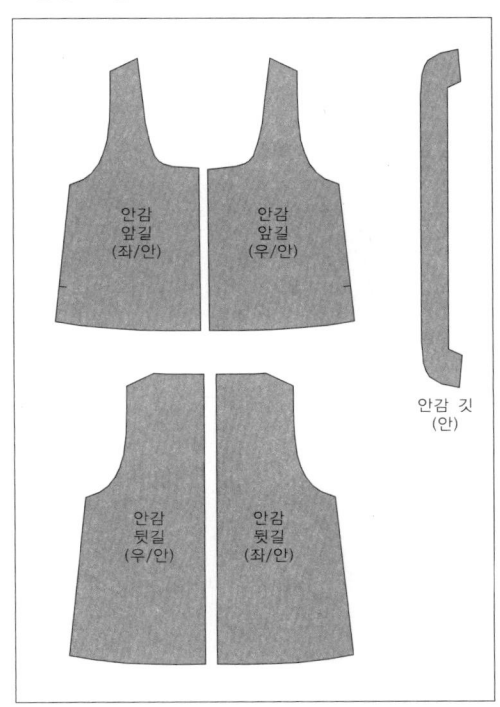

2. 앞길 만들기

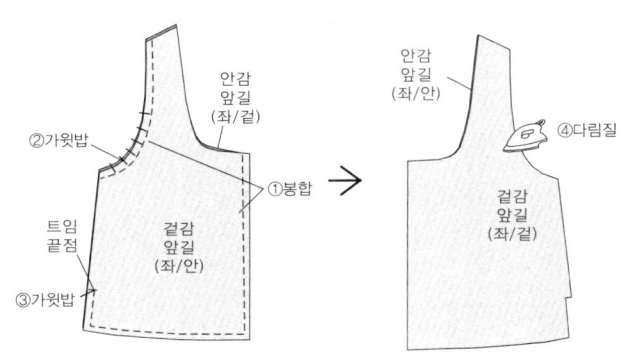

TIP. 봉합한 시접을 겉감 쪽으로
꺾어 다린 후 뒤집으면
다림질하기 수월합니다.

3. 뒷길 만들기

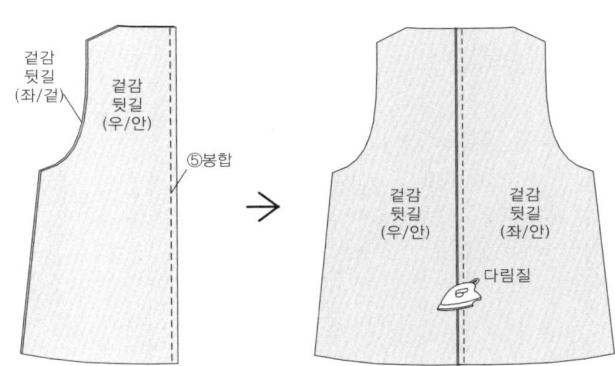

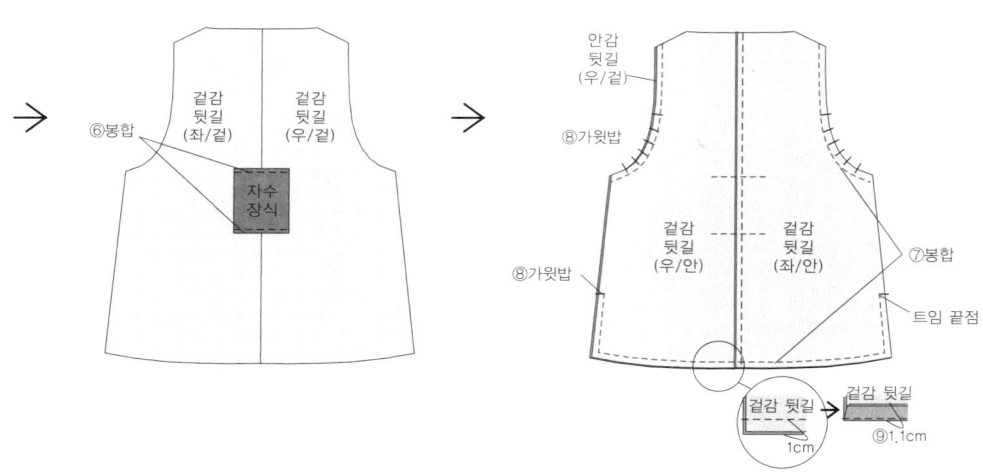

4. 앞길과 뒷길 연결하기

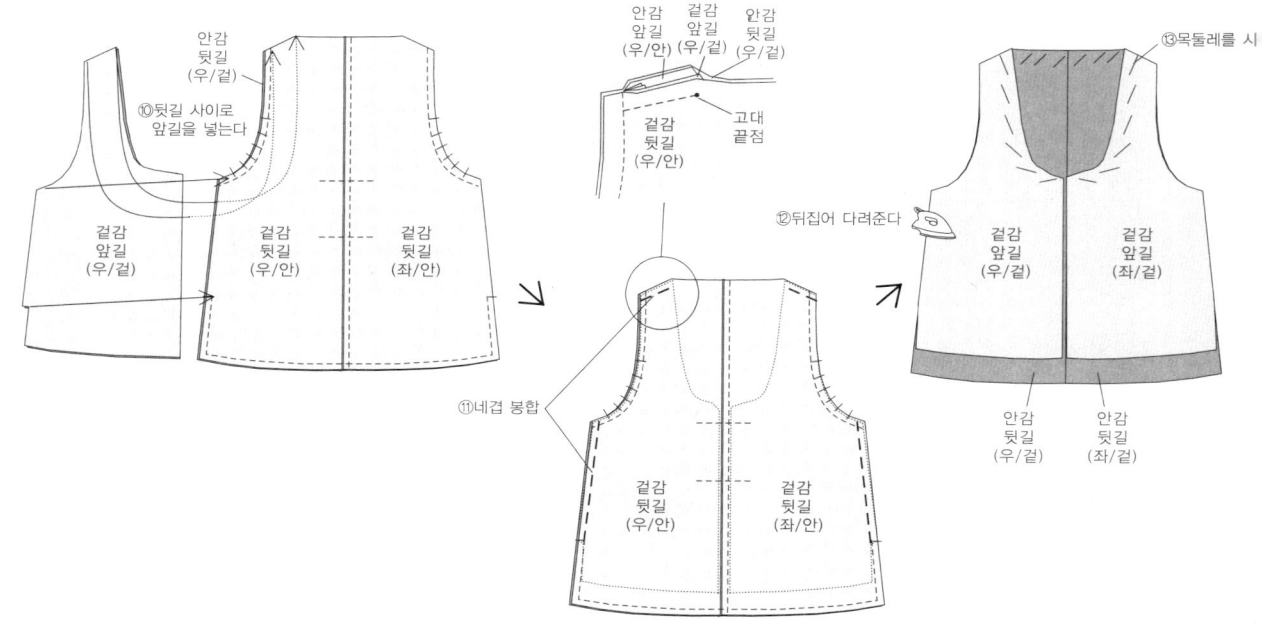

5. 깃 만들어 달기

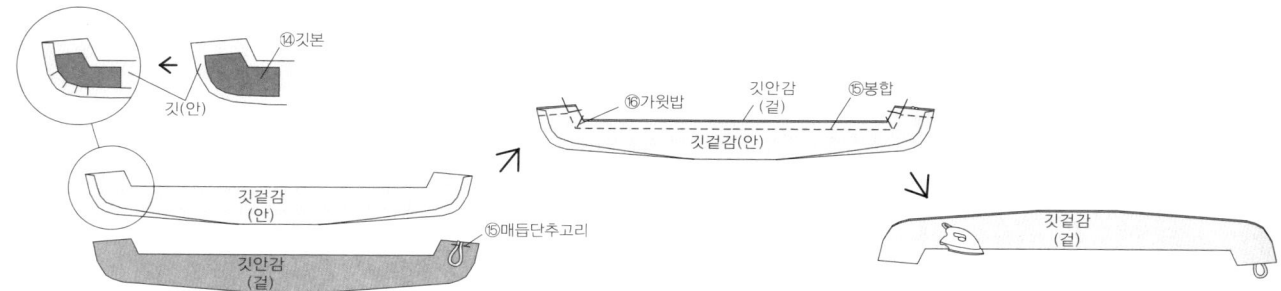

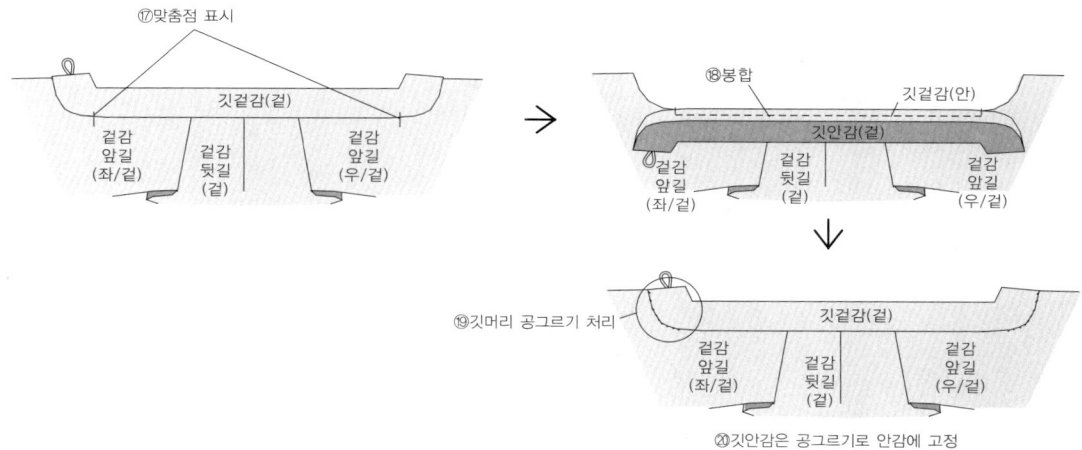

⑰맞춤점 표시

깃겉감(겉)

겉감
앞길
(좌/겉)

겉감
뒷길
(겉)

겉감
앞길
(우/겉)

⑱봉합

깃겉감(안)

깃안감(겉)

겉감
앞길
(좌/겉)

겉감
뒷길
(겉)

겉감
앞길
(우/겉)

⑲깃머리 공그르기 처리

깃겉감(겉)

겉감
앞길
(좌/겉)

겉감
뒷길
(겉)

겉감
앞길
(우/겉)

⑳깃안감은 공그르기로 안감에 고정

6. 대 만들어 달기

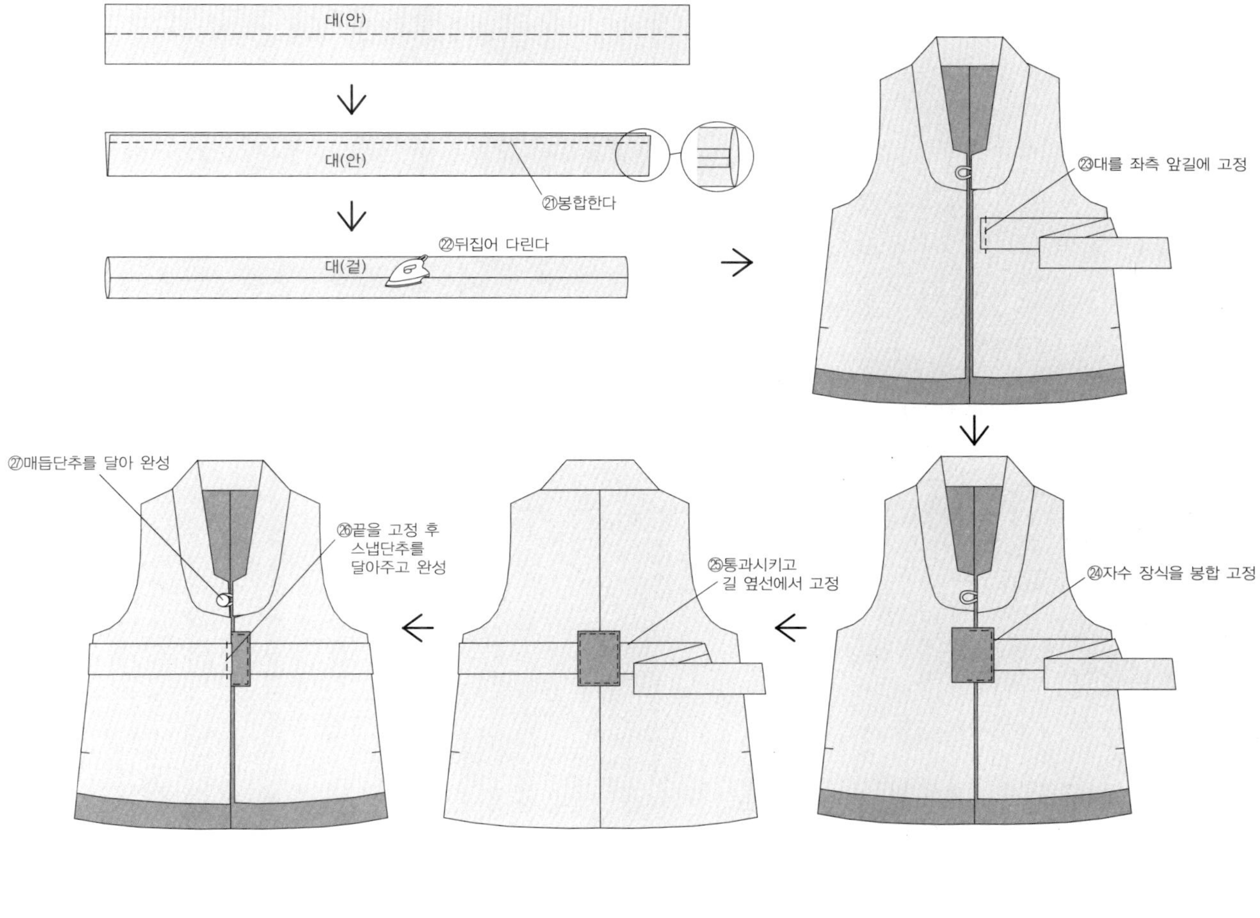

대(안)

대(안)

㉑봉합한다

대(겉) ㉒뒤집어 다린다

㉓대를 좌측 앞길에 고정

㉗매듭단추를 달아 완성

㉖끝을 고정 후
스냅단추를
달아주고 완성

㉕통과시키고
길 옆선에서 고정

㉔자수 장식을 봉합 고정

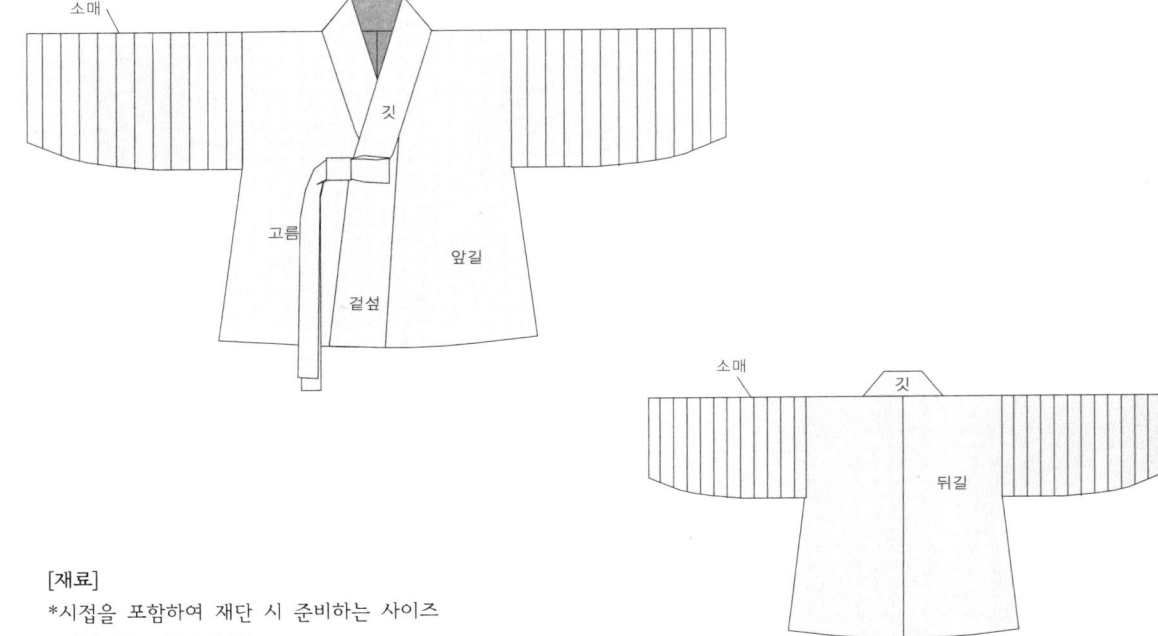

[재료]
*시접을 포함하여 재단 시 준비하는 사이즈
 ·겉감 55cm폭 * 200cm
 ·겉감 색동감 각 55cm폭 * 60cm씩
 ·안감 55cm폭 * 270cm
 ·소잉심지 110cm폭 * 90cm

[만드는 방법]
*색동 만들기
–색동감을 겉끼리 맞대어 길게 봉합하고 시접은 한쪽으로 꺾는다.
–연속해서 연결하여 시접은 한쪽으로 꺾어 다린다.
–소매의 길이가 되면 소매 패턴을 대고 시접을 주어 자른다.
*소매를 제외한 모든 제작과정은 p.84의 남아저고리 제작방법과 동일합니다.

1. 재단하기
–패턴을 대고 상하좌우 각 1cm의 시접을 주고 재단한다.
–겉감의 겉섶과 안섶, 길 및 깃안감은 먼저 소잉심지를 붙여준 후 재단한다.
–겉감 몸판 1장, 긴 고름 1장, 짧은 고름 1장, 깃 1장, 겉섶 1장, 안섶 1장
–안감 오른길 1장, 왼길 1장, 소매 2장, 깃 1장
*반드시 재단배치도와 동일하게 형태와 식서방향을 맞춰 재단해야 합니다.

2. 겉감 만들기
3. 안감 만들기
4. 겉감과 안감 연결하기
5. 소매 배래와 옆선 연결하기
6. 깃 만들어 달기

1.재단하기

−겉감 재단

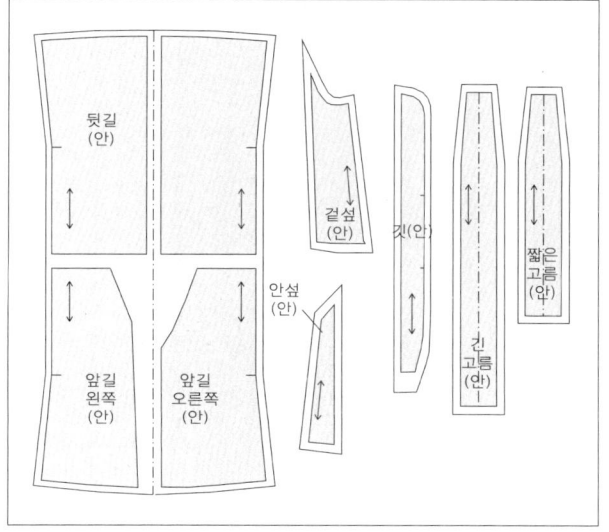

−안감 재단

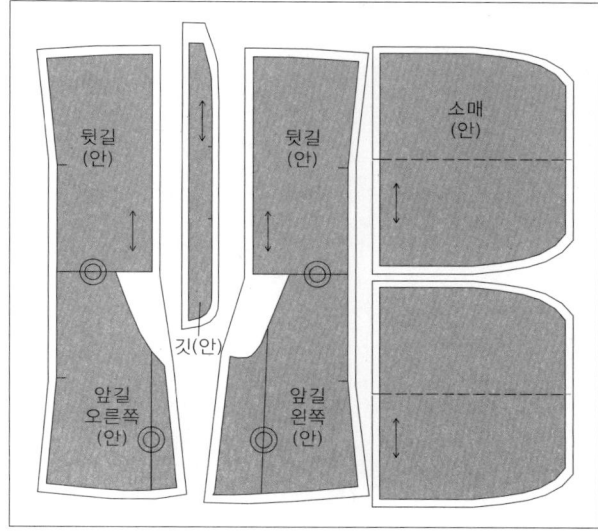

−색동 재단(소매)

*소매 패턴을 8~9조각으로 균등하게 나눈 크기로
 색동을 재단하고, 색동의 색은 오른쪽 소매와
 왼쪽 소매가 동일하도록 제작합니다.

*소매를 제외한 모든 제작과정은 p.84의
 남아저고리 제작방법과 동일합니다.

*색동 만들기

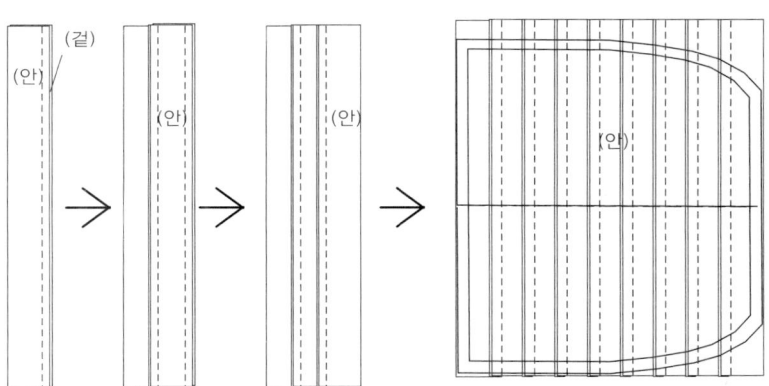

세상에서 가장 멋진 우리 **왕자님**을 위한 **남아한복**

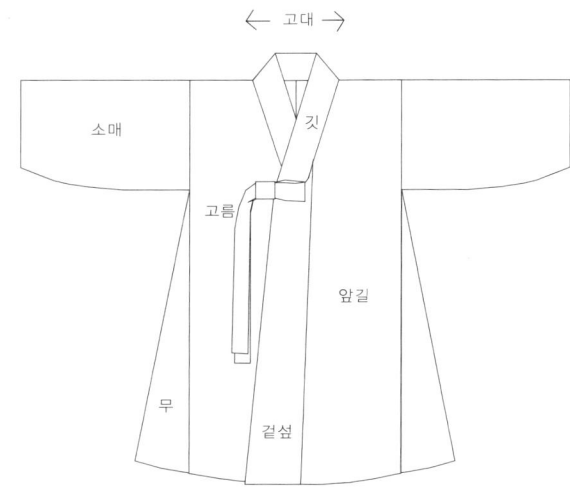

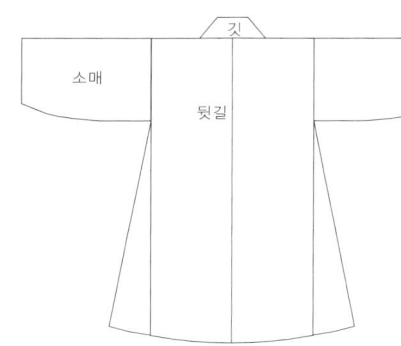

[재료]
*시접을 포함하여 재단 시 준비하는 사이즈
· 겉감 (전 사이즈)
 - 길과 소매 55cm폭 * 300cm
 - 무 55cm폭 * 55cm
 - 겉깃 55cm폭 * 55cm
 - 안깃 55cm폭 * 55cm
 - 고름 55cm폭 * 90cm
· 안감 110cm폭 * 270cm
· 소잉심지 110cm폭 * 90cm
*기타 자수 장식

[만드는 방법]
1. 재단하기
- 패턴을 대고 상하좌우 각 1cm의 시접을 주고 재단한다.
- 겉감의 겉섶과 안섶, 길 및 안감의 깃은 먼저 소잉심지를 붙여 준 후 재단한다.
- 겉감 앞길 2장과 뒷길 2장, 소매 2장
- 겉섶 1장
- 안섶 1장
- 겉감 좌우 무 각 2장씩
- 긴 고름 1개, 작은 고름 1개, 깃 1장
- 안감 오른길 1장, 왼길 1장, 소매 2장, 깃 1장
(안감은 패턴을 앞길, 뒷길, 소매를 붙여서 1장씩으로 재단한다.)
*반드시 재단도와 동일하게 형태와 식서방향을 맞춰 재단해야 합니다.
*고름은 여아저고리 패턴과 동일합니다.
2. 겉감 만들기
① 앞길과 뒷길에 무를 달아준다.
② 길과 무의 연결 시접은 길 쪽으로 꺾어 다린다.
③ 왼쪽 앞길에 겉섶을 달고 시접은 섶 쪽으로 다린다.
④ 오른쪽 길에 안섶을 달고 시접은 길 쪽으로 다린다.
⑤ 앞길과 뒷길의 어깨솔기를 봉합하되, 고대 옆점은 완성선까지만 봉합한다.
⑥ 앞길과 뒷길을 연결한 시접은 뒷길 쪽으로 넘겨 꺾어 다린다.
⑦ 뒷길을 겉끼리 맞대어 봉합한다.
⑧ 소매를 몸판에 연결한다.(완성점까지만)
⑨ 소매를 연결한 길의 시접에 사선으로 1cm 가윗밥을 주고 시접을 가름솔 처리한다.
3. 안감 만들기
⑩ 뒷길을 겉끼리 맞대고, 등솔기를 봉합하고 시접을 오른쪽으로 꺾어 다린다.
4. 겉감과 안감 연결하기
⑪ 겉감과 안감을 겉끼리 맞대고, 고대와 중심선, 어깨 끝점 등을 맞춰서 핀으로 시침
⑫ 앞 좌우 길의 섶선~도련을 각각 봉합하고, 뒷길의 도련을 봉합한다.
⑬ 소매 끝단을 완성점까지만 봉합한다.
⑭ ⑫와 ⑬의 봉합한 시접은 겉감 쪽으로 꺾어 다려둔다.
5. 소매 배래와 옆선 연결하기
6. 깃 만들어 달기
7. 고름 만들어 달기
*5~7은 남아 저고리 작업과정과 동일합니다.

1.재단하기

−겉감 재단하기

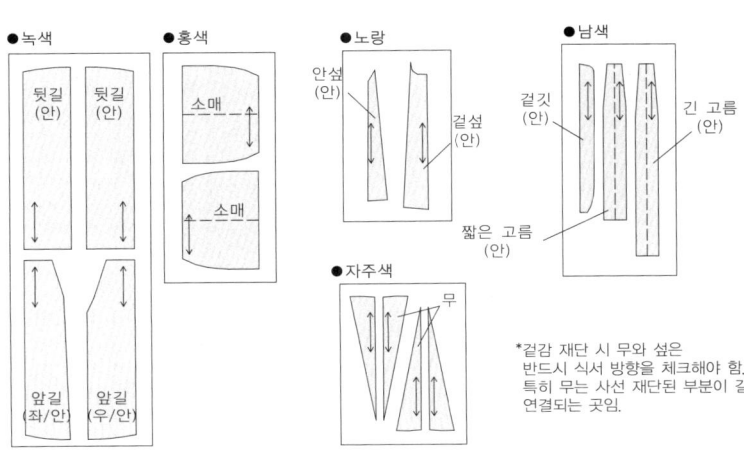

●녹색

뒷길 (안) | 뒷길 (안)

앞길 (좌/안) | 앞길 (우/안)

●홍색

소매

소매

●노랑

안섶 (안)

겉섶 (안)

짧은 고름 (안)

●자주색

무

●남색

겉깃 (안)

긴 고름 (안)

*겉감 재단 시 무와 섶은
반드시 식서 방향을 체크해야 함.
특히 무는 사선 재단된 부분이 길과
연결되는 곳임.

−안감 재단하기

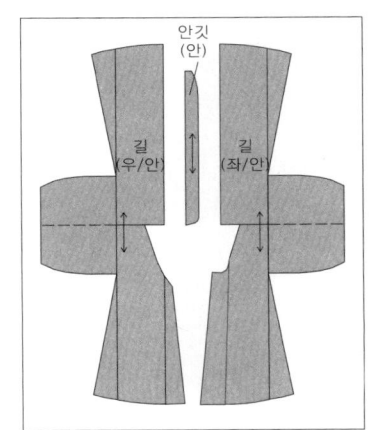

안깃 (안)

길 (우/안) | 길 (좌/안)

*안감 재단 시 길, 무, 소매를
연결해서 1장으로 재단하고,
그 둘레에만 시접을 준다.

2. 겉감 만들기

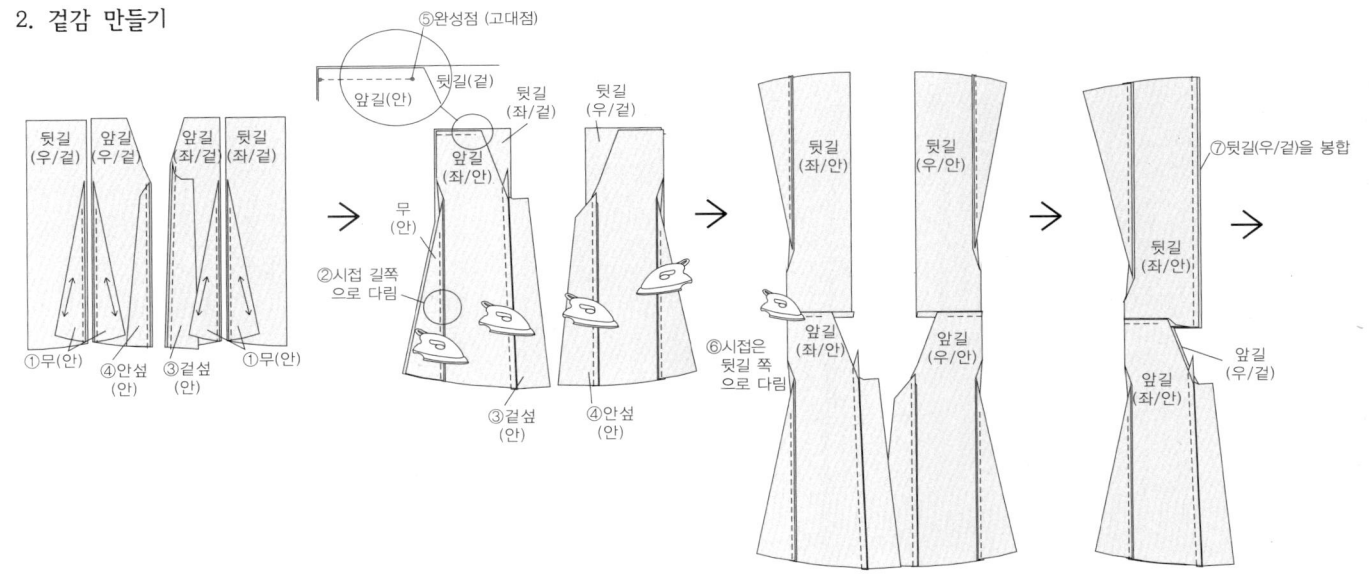

⑤완성점 (고대점)

뒷길 (우/겉) | 앞길 (우/겉) | 앞길 (좌/겉) | 뒷길 (좌/겉)

①무(안) | ④안섶 (안) | ③겉섶 (안) | ①무(안)

앞길(안)

뒷길 (좌/겉)

뒷길 (우/겉)

앞길 (좌/안)

무 (안)

②시접 길쪽
으로 다림

③겉섶 (안)

④안섶 (안)

뒷길 (좌/안)

뒷길 (우/안)

앞길 (좌/안)

앞길 (우/안)

⑥시접은
뒷길 쪽
으로 다림

⑦뒷길(우/겉)을 봉합

뒷길 (좌/안)

앞길 (우/겉)

앞길 (좌/안)

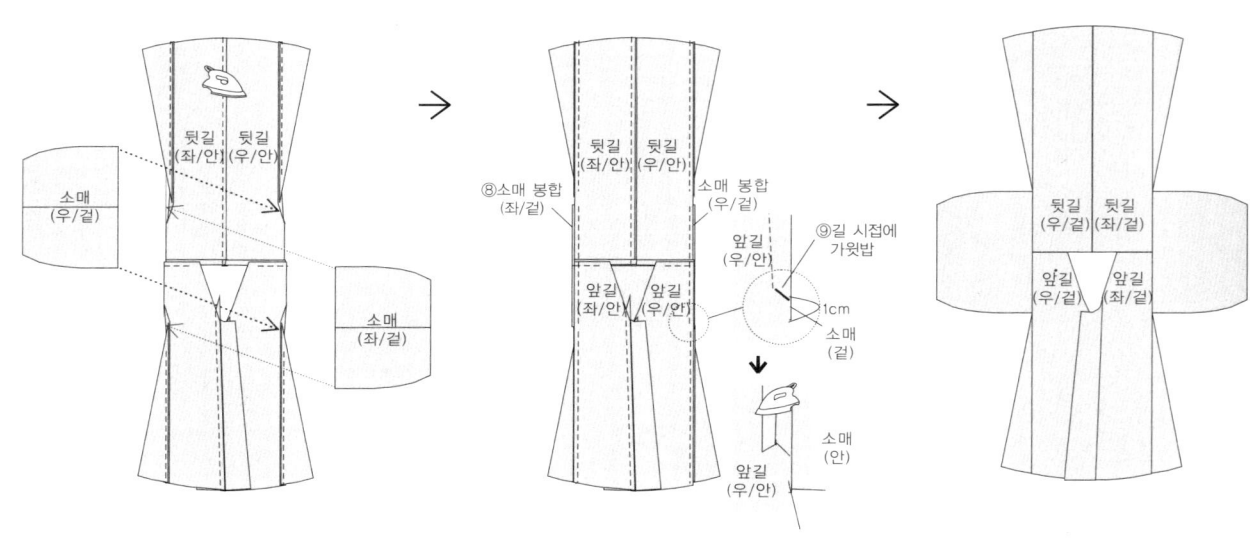

3. 안감 만들기

⑩봉합

길
(우/안)

길
(좌/겉)

→

길
(우/안)

길
(좌/안)

4. 겉감과 안감 연결하기

⑫도련 봉합

겉감
(겉)

⑪각 부분을 맞춰 시침

안감 길
(우/안)

안감 길
(좌/안)

⑬소매 봉합

겉감

겉감

1cm

⑭1.1cm

⑫섶~도련 봉합

*5~7은 남아 저고리 작업과정과 동일합니다.

5. 소매 배래와 옆선 연결하기

안감
뒷길
(안)

−뒤집어서 깃둘레를 시침

겉감
앞길
(겉)

6. 깃 만들어 달기

*p.87의 6~7 과정 참고.

7. 고름 만들어 달기

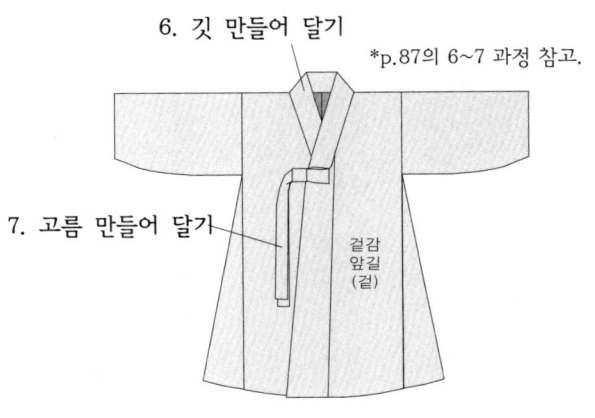

겉감
앞길
(겉)

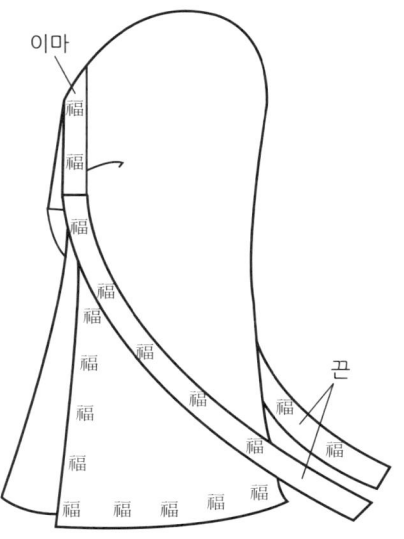

[재료]
*시접을 포함하여 재단 시 준비하는 사이즈
· 겉감 110cm폭 * 75cm
· 안감 110cm폭 * 75cm
· 금박, 소잉심지

[만드는 방법]
1. 재단하기
－패턴을 대고 상하좌우 각 1cm의 시접을 주고 재단한다.
－겉감 좌우 각 1장씩, 안감 좌우 각 1장씩, 이마감 골선 재단 1장, 끈 골선 재단 2장

2. 겉감 준비하기
① 겉감 뒤트임에 3*3cm로 재단한 소잉심지를 붙여준다.
② 겉감 표면에 금박을 한다.

3. 몸판 만들기
③ 겉감과 안감을 겉끼리 마주대고 U자로 봉합하고 가윗밥을 준다. 2장 만든다.
④ 봉합한 시접을 꺾어 다린 후, 몸판 1장만 뒤집어 다린다.
⑤ 뒤집어 다린 몸판을 뒤집지 않은 몸판에 넣되, 겉감은 겉감끼리 안감은 안감끼리 맞닿게 하여 정수리를 맞춘다.
⑥ 정수리를 4겹으로 봉합하고, 겉감 쪽으로 시접을 꺾어 다린 후 이마 쪽으로 뒤집어 다린다.
⑦ 겉감과 안감의 이마 시접을 시침해서 고정하고, 주름을 잡는다.

4. 이마 끈 만들어 달기
⑧ 끈을 세모박기로 봉합하여 뒤집어 다린다.
⑨ 이마를 겉끼리 맞닿게 반으로 접어 다린 후, 한쪽 시접만 1cm 폭으로 접어 다려둔다.
⑩ 끈을 이마감 옆에 끼워 시침하고, 이마감 양 끝을 봉합.
⑪ 이마감과 몸판의 겉감의 시접을 맞춰서 봉합하고, 그 시접을 끈 쪽으로 꺾어 다린다.
⑫ ⑨의 접은 면을 안감의 봉제선에 맞춰서 공그르기로 마무리한다.

1.재단하기

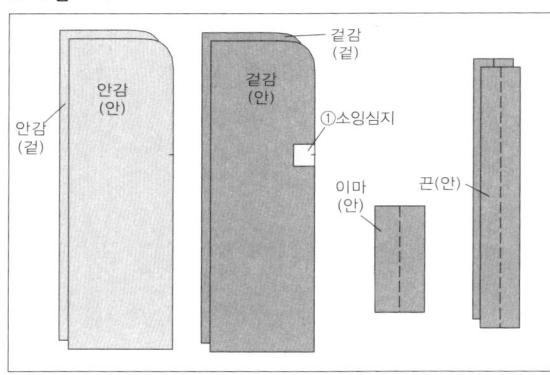

2.겉감 준비하기

3.몸판 만들기

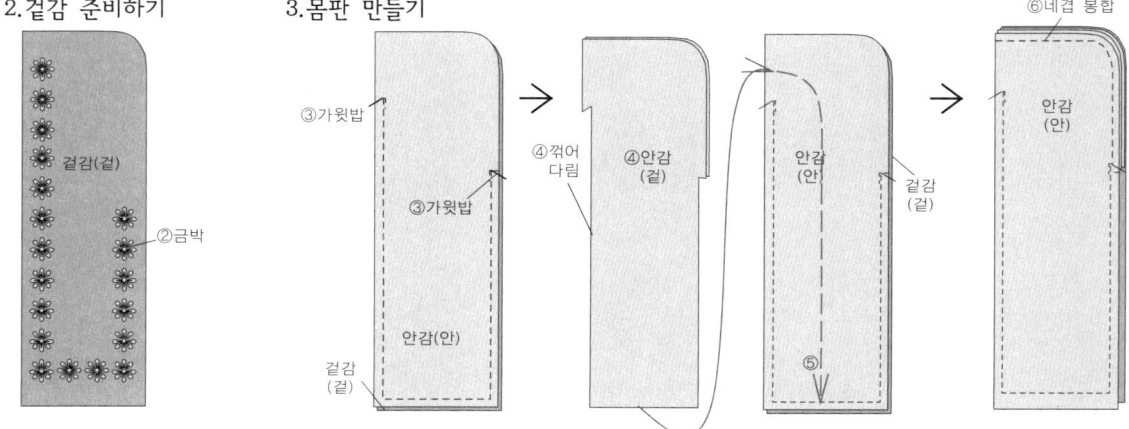

4.이마 끈 만들어 달기

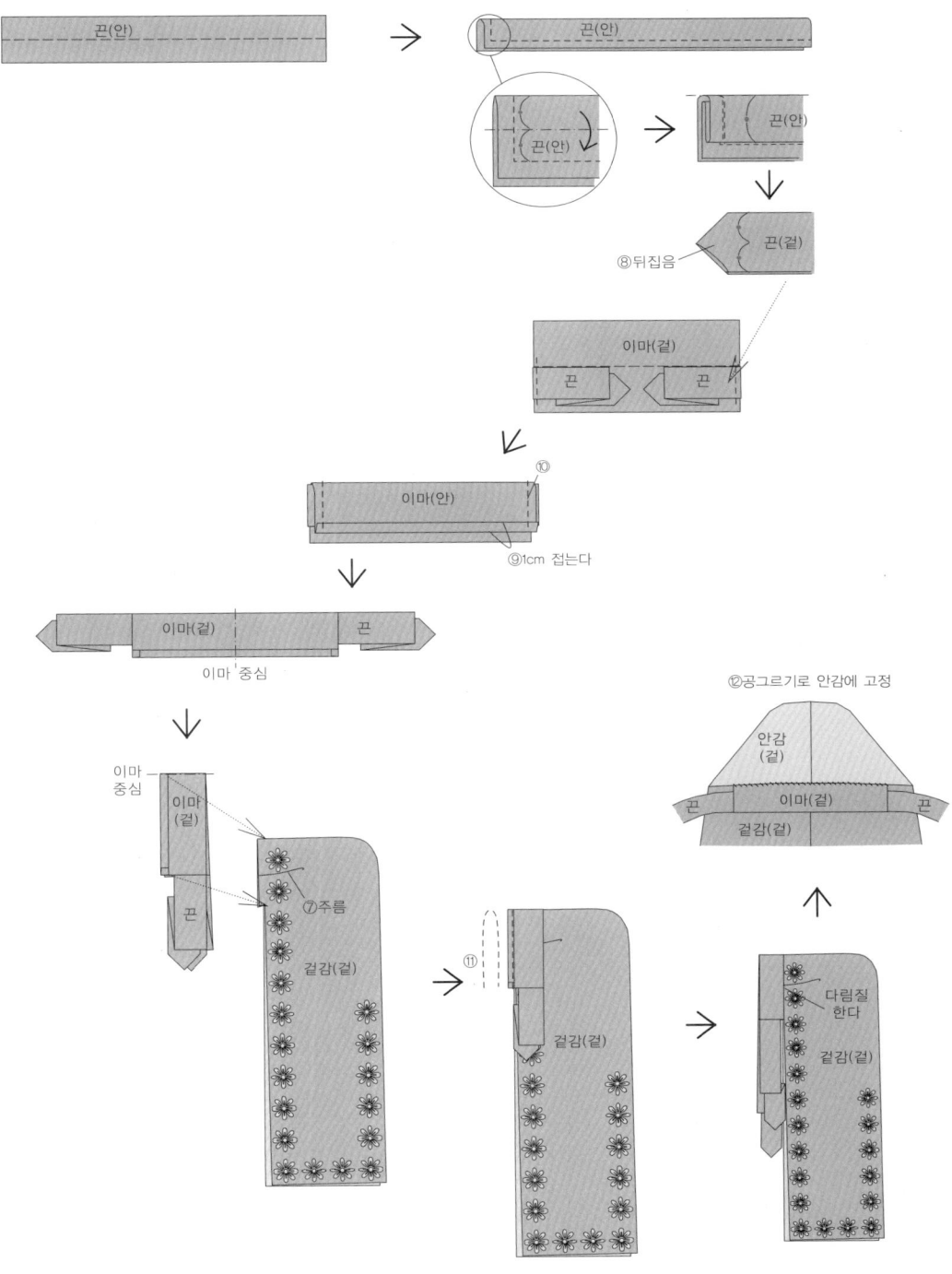

세상에서 가장 멋진 우리 **왕자님**을 위한 **남아한복**

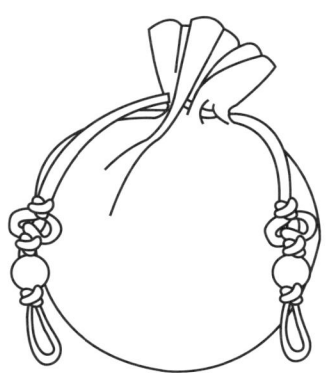

[재료]
*시접을 포함하여 재단 시 준비하는 사이즈
·겉감 몸판 가로 23cm, 세로 14cm 2장
·겉감 바닥 가로 23cm, 세로 7cm 2장
·안감 가로 23cm, 세로 13cm 2장
·주머니 끈 55cm 2줄

[만드는 방법]
1. 재단하기
–패턴을 대고 상하좌우 각 1cm의 시접을 주고 재단한다.
–겉감 몸판 2장, 겉감 바닥 2장, 안감 2장을 재단한다.
* 겉감바닥을 색동으로 만들 시 남아 색동저고리의 '색동 만들기' 참고.(p.93)
2. 겉감 안감 잇기
① 겉감 바닥과 겉감 몸판을 연결한다.
② 겉감 몸판과 안감을 연결한다.
3. 몸판 연결하기
③ 2.의 몸판을 안감은 안감, 겉감은 겉감끼리 마주댄 후, 입구둘레를 기준으로 반으로 접는다.
④ 주머니 둘레를 U자 모양으로, 창구멍을 남기고, 봉합한다.
⑤ 창구멍을 세겹 함께 봉합한다.
⑥ 뒤집어서 창구멍을 막는다.
4. 끈 달기
⑦ 끈 구멍 위치에 구멍 펀치로 구멍을 내고, 끈을 끼워서 완성한다.

1.재단하기
–각 2장씩 재단

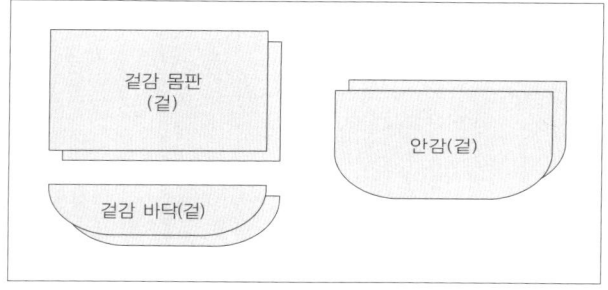

2.겉감 안감 잇기

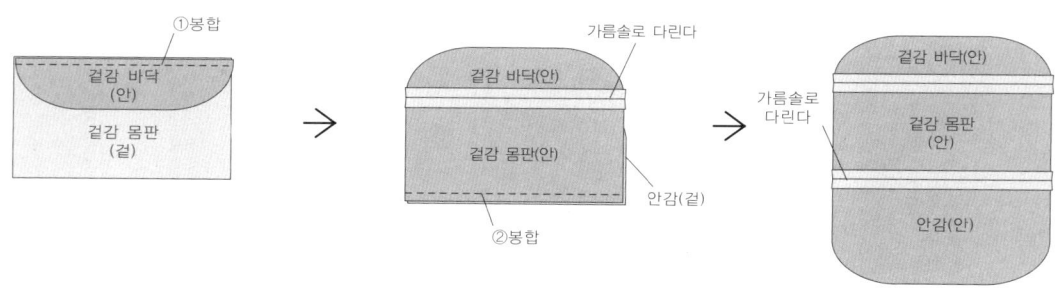

3.몸판 연결하기

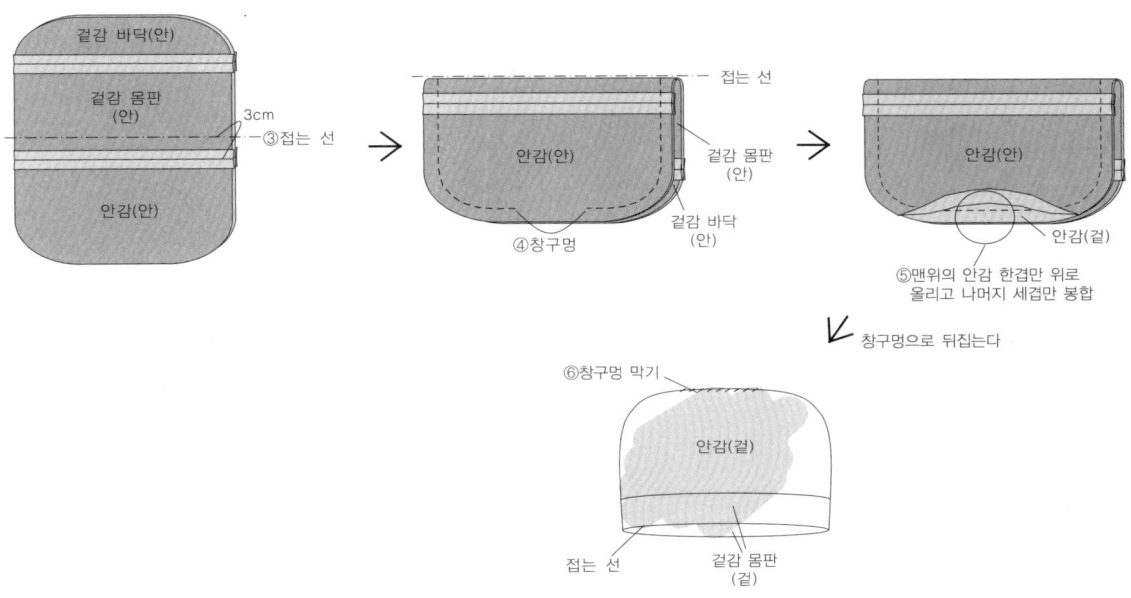

겉감 바닥(안)

겉감 몸판
(안)

3cm
③접는 선

안감(안)

접는 선

안감(안)

겉감 몸판
(안)

④창구멍

겉감 바닥
(안)

안감(안)

안감(겉)

⑤맨위의 안감 한겹만 위로
올리고 나머지 세겹만 봉합

창구멍으로 뒤집는다

⑥창구멍 막기

안감(겉)

접는 선

겉감 몸판
(겉)

4.끈 달기

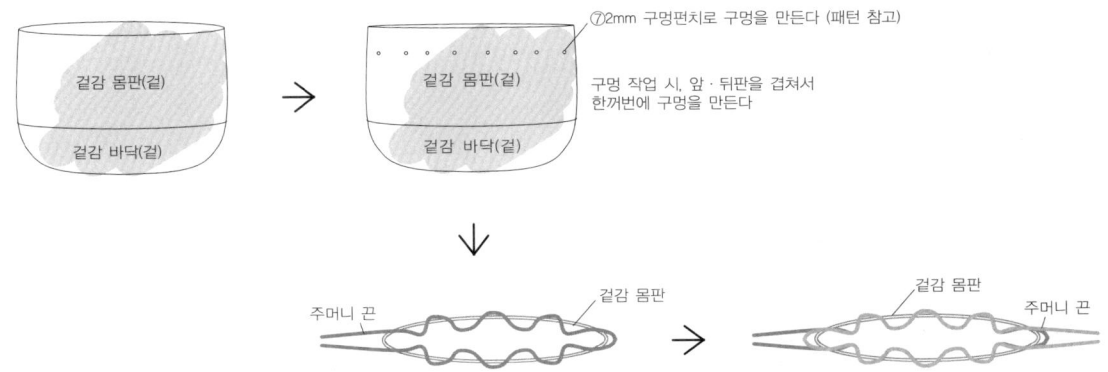

겉감 몸판(겉)

겉감 바닥(겉)

⑦2mm 구멍펀치로 구멍을 만든다 (패턴 참고)

겉감 몸판(겉)

구멍 작업 시, 앞·뒤판을 겹쳐서
한꺼번에 구멍을 만든다

겉감 바닥(겉)

주머니 끈

겉감 몸판

겉감 몸판

주머니 끈

세상에서 가장 멋진 우리 왕자님을 위한 남아한복

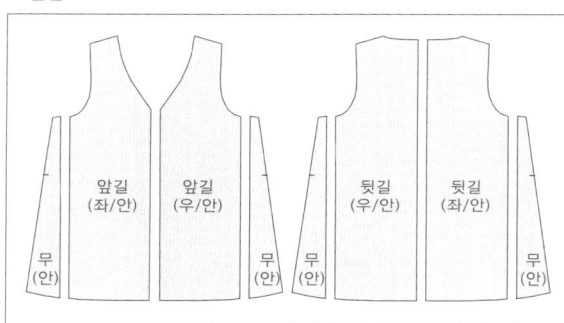

[재료]

*시접을 포함하여 재단 시 준비하는 사이즈
· 겉, 안감 55cm폭 * 180cm
　원단은 국사 등의 얇고 힘이 있는 원단을 추천합니다.
· 금박, 전복 띠

[만드는 방법]

1.재단하기
–패턴을 대고 상하좌우 각 1cm의 시접을 주고 재단한다.
–겉감 앞길 좌우 각 1장씩, 뒷길 좌우 각 1장씩, 무 좌우 각 2장씩 (안감도 겉감과 동일하게 준비)

2.앞길 만들기
① 겉감 앞길과 무를 연결하고, 시접은 앞길 쪽으로 꺾어 다린다. (안감도 동일하게 준비)
② 앞길 겉감과 안감의 겉을 맞대고 고대~앞여밈~도련~옆 트임 끝점까지 봉합하고, 소매 둘레를 봉합한다.
③ 옆 트임 끝점 시접에 가윗밥을 0.9cm 깊이로 준다.
④ ②에서 봉합한 시접을 겉감 쪽으로 1.1cm 폭으로 꺾어 다린다.
⑤ 앞길을 뒤집어서 다림질 해준다.

3.뒷길 만들기
⑥ 뒷길의 겉과 무의 겉을 맞대고 봉합하여 연결한다.
⑦ 뒷길과 무를 연결한 시접은 뒷길 쪽으로 꺾어 다려준다.
⑧ 뒷길 겉감을 겉끼리 맞대고 뒤트임점까지 봉합한다.
⑨ 뒤트임 시접 끝점에 0.9cm 가윗밥을 주고, 봉합한 시접은 한쪽으로 다림질해준다.(안감도 동일하게 작업한다.)
⑩ 안감과 겉감의 겉끼리 맞대고, 뒤트임 끝점~도련~옆 트임 끝점까지 봉합하고, 고대 둘레와 소매 둘레를 봉합한다.
⑪ ⑩에서 봉합한 시접을 겉감 쪽으로 꺾어 다려준다.

4.겉감과 안감 연결하기
⑫ 뒷길 겉감과 안감 옆구리 사이로 겉감을 넣어서 어깨와 옆선을 맞춰준다. 이때 안감은 안감끼리, 겉감은 겉감끼리 겉이 맞닿게 댄다.
⑬ 뒷길의 안감 쪽에서 한쪽 옆선을 네겹 봉합한다.
⑭ ⑬의 반대편의 옆선은 위쪽과 아래쪽 4cm 정도를 각각 봉합한다.
⑮ ⑭에서 봉합하지 않은 뒷길 안감의 시접을 젖히고 세겹 봉합한다.(안감을 젖힌 부분이 창구멍이 된다.)
⑯ 창구멍으로 뒤집어 다림질을 하여 정리한 후, 창구멍을 공그르기로 막는다.
⑰ 금박을 해준다.
⑱ 겨드랑이에서 1cm 떨어진 지점에 손바느질로 전복 끈걸이를 만든다.

1. 재단하기

–겉감

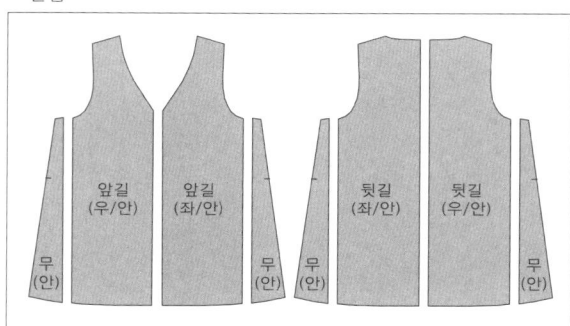

–안감

2. 앞길 만들기

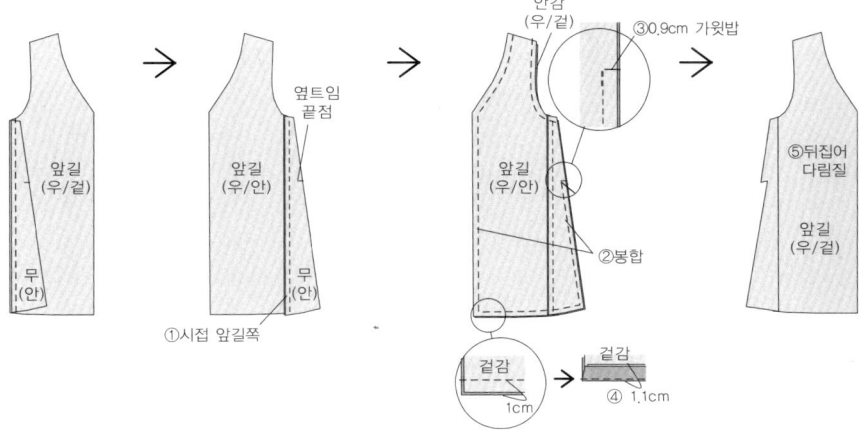

앞길
(우/겉)

무
(안)

앞길
(우/안)

옆트임
끝점

무
(안)

①시접 앞길쪽

안감
(우/겉)

③0.9cm 가윗밥

앞길
(우/안)

②봉합

겉감

1cm

겉감

④ 1.1cm

⑤뒤집어
다림질

앞길
(우/겉)

3. 뒷길 만들기

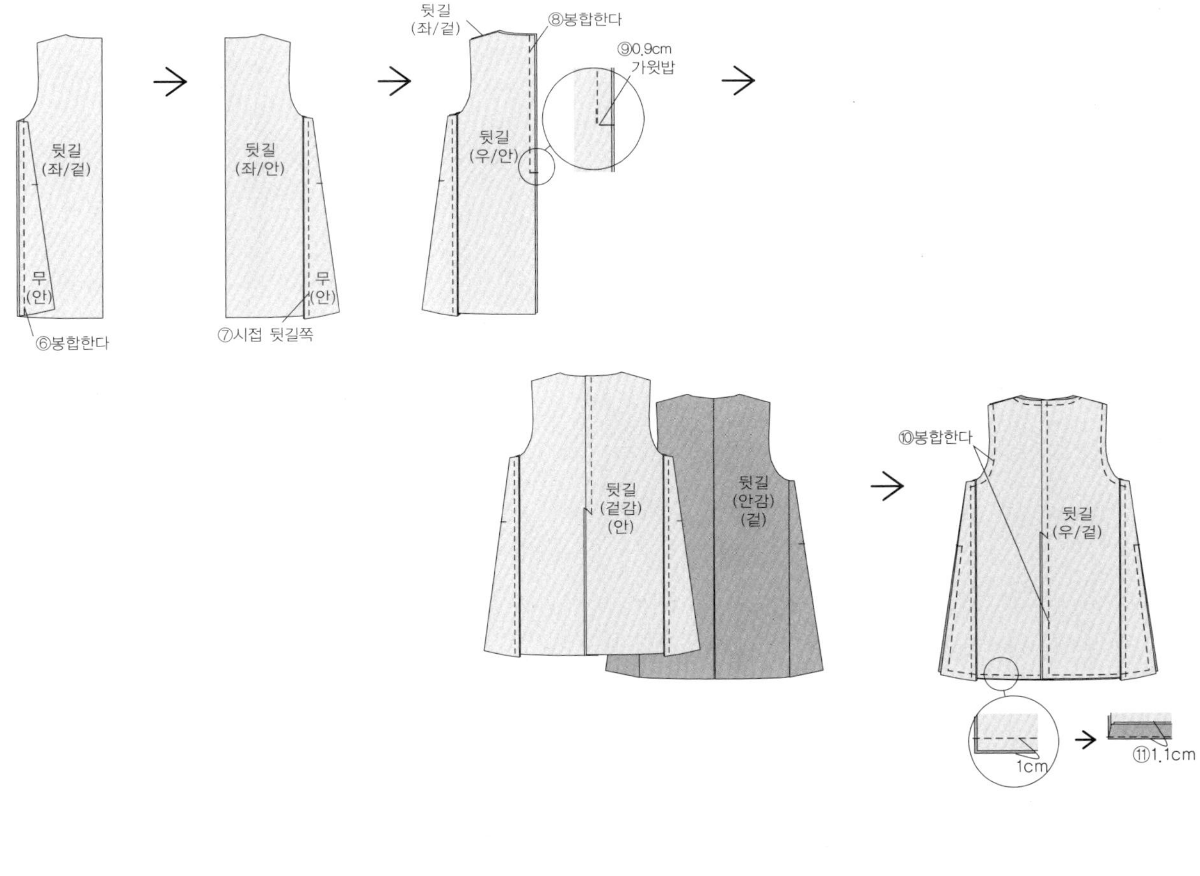

뒷길
(좌/겉)

무
(안)

⑥봉합한다

뒷길
(좌/안)

무
(안)

⑦시접 뒷길쪽

뒷길
(좌/겉)

⑧봉합한다

뒷길
(우/안)

⑨0.9cm
가윗밥

뒷길
(겉감)
(안)

뒷길
(안감)
(겉)

⑩봉합한다

뒷길
(우/겉)

1cm

⑪1.1cm

4. 겉감 안감 연결하기

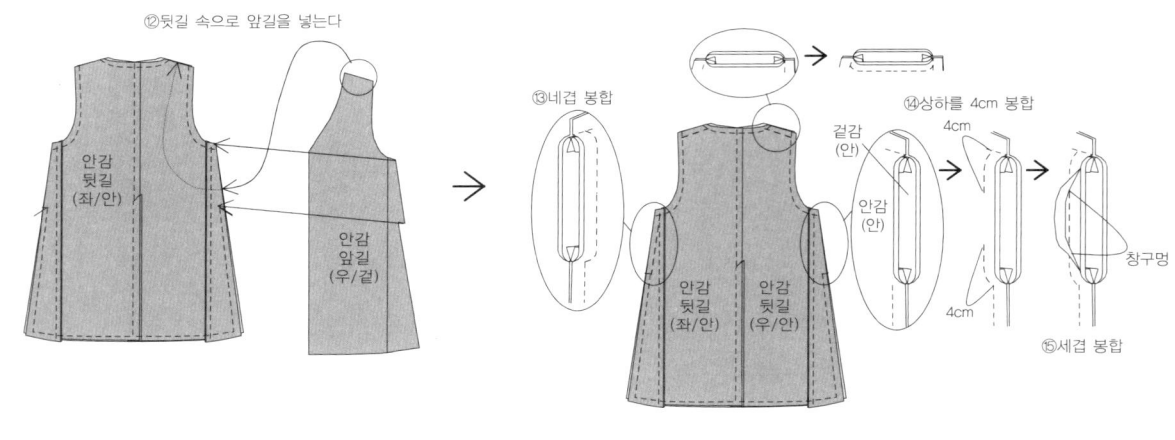

⑫뒷길 속으로 앞길을 넣는다

안감 뒷길 (좌/안)

안감 앞길 (우/겉)

⑬네겹 봉합

안감 뒷길 (좌/안)　안감 뒷길 (우/안)

겉감 (안)

안감 (안)

⑭상하를 4cm 봉합

4cm

창구멍

4cm

⑮세겹 봉합

⑯뒤집어 다리고 창구멍을 공그르기로 막는다

겉감 앞길 (우/겉)

⑰금박을 한다

1cm

뒷길　앞길 3cm

⑱끈고리를 만든다

끈고리 만들기　스커트 겉감과 안감 고정할 때, 자켓 안감 진동을 고정할 때, 벨트 고리 등으로 이용할 때

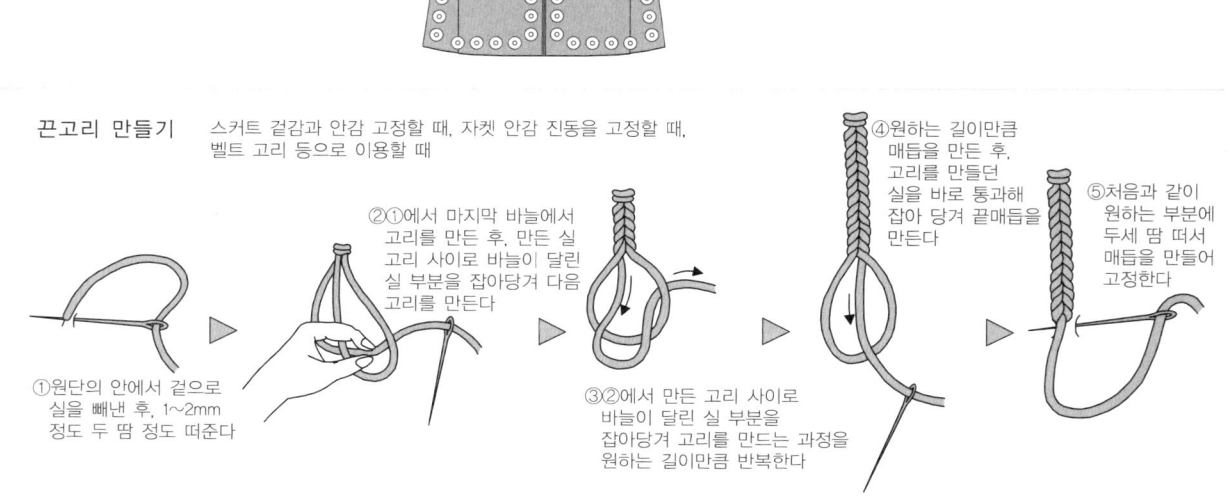

①원단의 안에서 겉으로 실을 빼낸 후, 1~2mm 정도 두 땀 정도 떠준다

②①에서 마지막 바늘에서 고리를 만든 후, 만든 실 고리 사이로 바늘이 달린 실 부분을 잡아당겨 다음 고리를 만든다

③②에서 만든 고리 사이로 바늘이 달린 실 부분을 잡아당겨 고리를 만드는 과정을 원하는 길이만큼 반복한다

④원하는 길이만큼 매듭을 만든 후, 고리를 만들던 실을 바로 통과해 잡아 당겨 끝매듭을 만든다

⑤처음과 같이 원하는 부분에 두세 땀 떠서 매듭을 만들어 고정한다

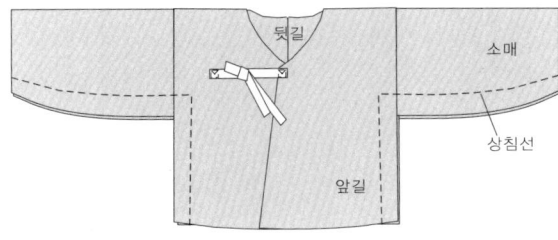

1. 재단하기

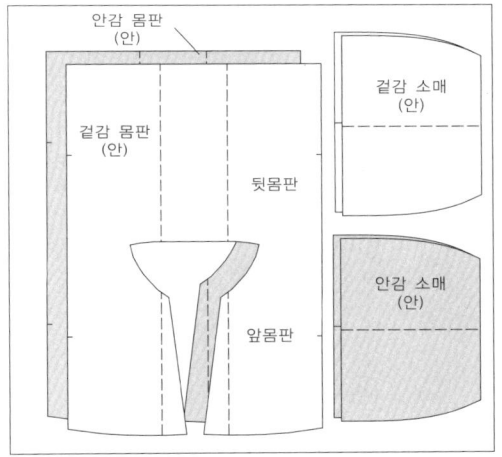

[재료]
*시접을 포함하여 재단 시 준비하는 사이즈
·겉, 안감 110cm폭 * 90cm
원단은 20수 두께의 순면 무형광 평직, 융과 40수 양면 다이마루 등을 추천합니다.
·면끈 12mm폭 60cm

[만드는 방법]
1. 재단하기
–패턴을 대고 상하좌우 각 1cm의 시접을 주고 재단한다.
–겉감 몸판 1장, 소매 2장(안감도 겉감과 동일하게 준비)

2. 몸판과 소매 연결하기
① 몸판을 겉끼리 맞대어 등을 봉합하고, 시접을 입었을 때 오른쪽으로 넘겨 다린다.(안감도 동일)
② 소매를 몸판과 겉끼리 맞대어 연결하고 시접은 가름솔로 다린다.
③ 몸판의 겨드랑이에서 1cm 어깨 쪽으로 올라간 지점 시접에 가윗밥을 준다.
④ 몸판의 겨드랑이 시접만 소매 쪽으로 꺾어 다린다.(네 부분 모두 동일하게 처리)
⑤ ①~④와 안감도 동일하게 만든다.

3. 안감과 겉감 잇기
⑥ 겉감과 안감을 겉끼리 맞대고, 창구멍을 8cm정도 남기고 둘레를 모두 봉합한다.
⑦ 봉합한 시접은 겉감 쪽으로 한번 꺾어 다린 후, 창구멍으로 뒤집어 다린다.
⑧ 창구멍을 공그르기로 막는다.
⑨ 아기의 사이즈에 맞게 소매통과 몸통을 조절하여 봉합한다.(아기가 크면 바늘땀을 뜯어 품을 조절해준다.)
⑩ 여밈 끈을 가슴에 달아준다.

세상에서 가장 멋진 우리 왕자님을 위한 남아 한복

2.몸판과 소매 연결하기

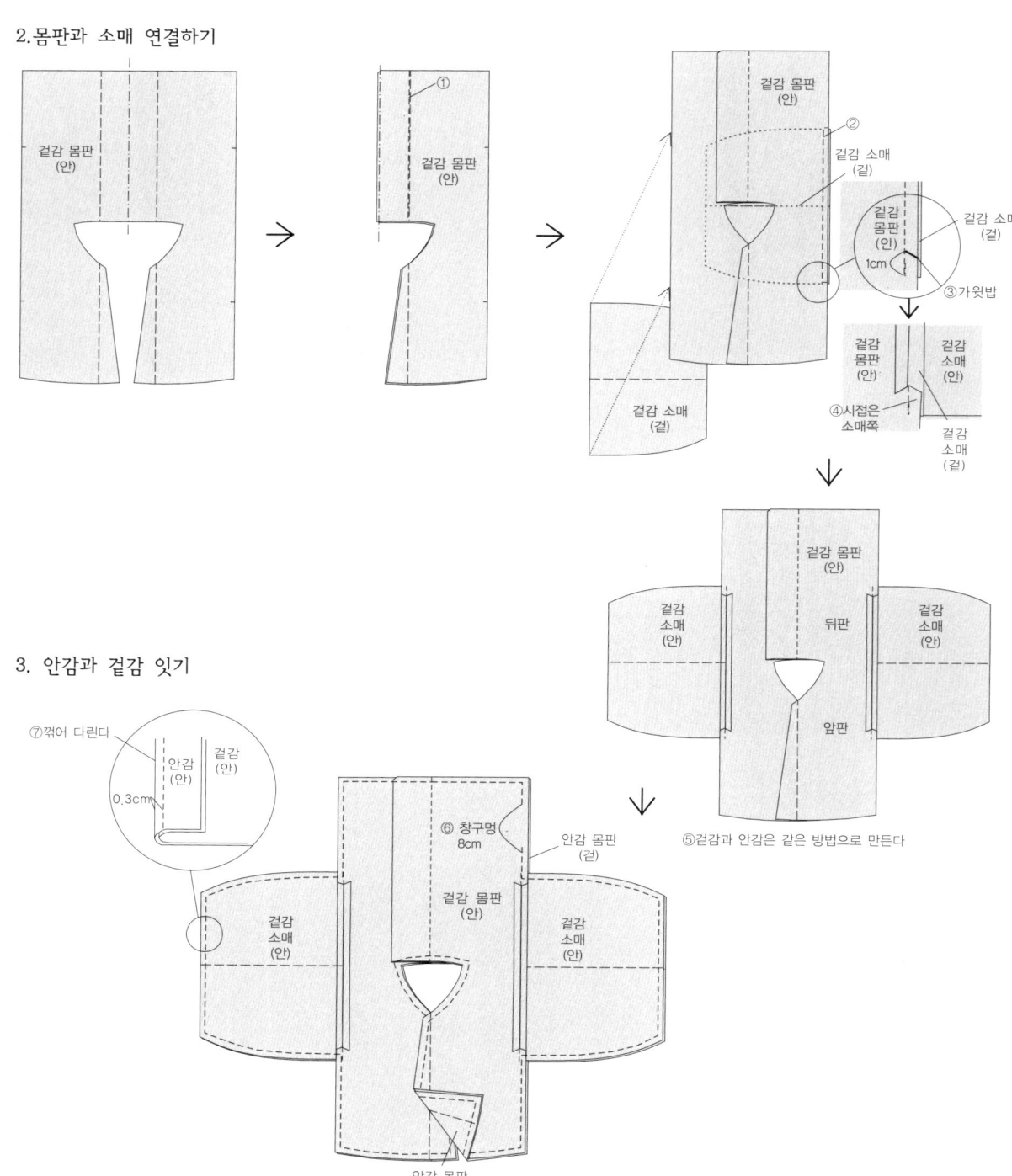

3. 안감과 겉감 잇기

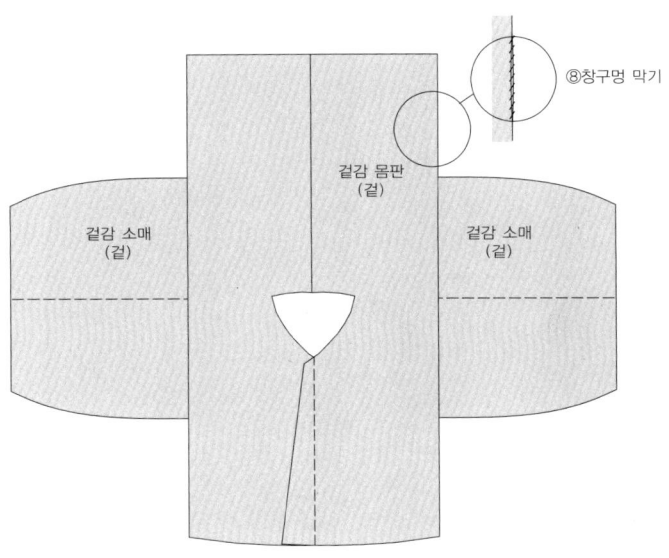

⑧창구멍 막기

겉감 소매
(겉)

겉감 몸판
(겉)

겉감 소매
(겉)

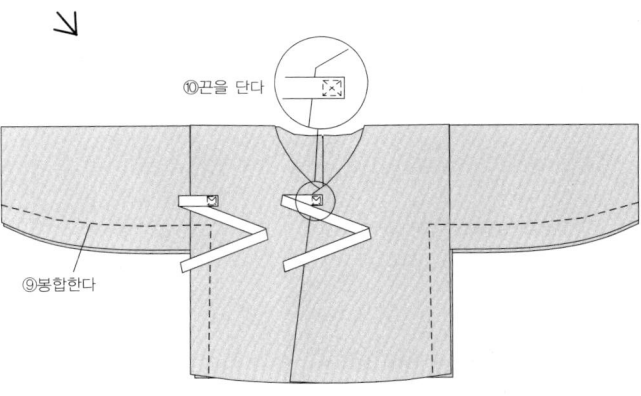

⑩끈을 단다

⑨봉합한다

신개정판 손수 지어 만드는

우리아이의 한복

1판 1쇄 인쇄 2016년 09월 29일
1판 1쇄 발행 2016년 10월 06일

발행인 정용효
기획/총괄진행 이재숙
감수 임태훈
패턴 김잔디
작품제작 이재숙 / 임태훈
일러스트 설명서 정용효
사진촬영 문찬위
촬영장소 스튜디오 쥬노
모델

나민서(남/7세/113cm)   박소영(여/6세/102cm)   류하영(여/5세/109cm)   박지우(남/5세/101cm)

등록번호 제 2016-000002호
등록일자 2016년 01월 26일
발행처 주)핸디스 소잉스토리
         광주광역시 북구 서암대로 133 (신안동), 3층
대표전화 062_513_8957
팩스 062_515_8827
문의전화 070_8893_9218
홈페이지 www.sewingstory.com

ISBN 979-11-957991-6-9 13590
판매가 13,500원

재료 제공
패션스타트(www.fashionstart.net) / 해피베어스 / NCC미싱(www.nccmising.com)

소잉스토리는 소잉D.I.Y 취미 실용서를 출간합니다.

NCC미싱의 새로운 친구 **"에밀리"**를 소개합니다.

EMiLy

CC-9910

실속형 베이직미싱

" 에밀리 " 가 소잉의 꿈을 완성해 드립니다.

에밀리 장점

| 21종 패턴 | 자동 실 끼우기 장치 | LED 조명 | 노루발 압력 조절 | 프리암 기능 |

Happy Bears
Sewing Notion

For your happy sewing

직접 만들어서 더 의미있는 DIY 작품은 어떤 마음을 가지고 만드냐에 따라서 그 가치가 또 달라지는 것 같아요. 누군가를 걱정하고, 아끼고, 사랑하는 마음을 담아 완성 한다면 그 마음까지 함께 고스란히 전해지는 것이 손으로 직접 만드는 "핸드메이드 (HAND MADE)"가 아닐까 생각됩니다 :-)

해피베어스 역시 소잉 DIY를 하는 모든 사람들을 위하는 마음을 담아 소잉작업에 필요한 좋은 상품(Product)을 고민하여 보다 더 멋진 작품을 완성할 수 있고, 늘 즐겁고 행복한 작업시간을 가질 수 있도록 가치있고, 실용적인 다양한 소잉 부자재를 기획하는데 노력하고 있습니다.

| HAPPY BEARS ITEM   해피베어스에서 기획개발한 다양한 소잉 부자재를 만나보세요!

01 스마트하고 깔끔한 재단의 비밀
HB 원형재단칼 / HB 원형칼날

디자인+실용성을 모두 갖춘 Sewing Cutter. 핸들(본체)부분의 그립감이 좋아 작업시 편리하고 왼손, 오른손잡이 누구나 사용 할 수 있는 기능적인 디자인! 곡선, 직선 모두 재단하기 좋습니다. 칼날이 무뎌지면 전용칼날로 교체하여 사용가능합니다. (교체시기는 작업량에 따라 다릅니다.)

SIZE 28 / 45 / 60mm
PRICE 12,000 / 16,000 / 20,000 won (원형재단칼)
PRICE 4,000 / 6,000 / 8,000 won (원형칼날)

02 완벽한 나의 소잉 메이트, 컷팅매트
해피베어스 컷팅매트

최상의 소재와 최선의 공정으로 제작! 칼자국 자가 치유 기능(Self-Healing)과 커터 날 보호 기능이 뛰어난 프리미엄 컷팅매트. 브라운 컬러로 오래 작업시에도 눈이 피로하지 않고, 재단시 컷팅감도 부드럽습니다.

SIZE 약 62X45cm(A2) / 약 62X90cm(A1)
PRICE 20,000 / 32,000 won

03 효율적인 작업과 나의 안전을 위해!
해피룰러 소잉컷팅자(클라우드)

일반적인 자에 비해 폭이 넓고 묵직한 두께감으로, 두꺼운 원단부터 얇고 다루기 힘든 한복 원단도 움직이지 않도록 안정감 있게 잘 잡아주어 보다 더 쉽고 정확한 컷팅을 할 수 있습니다.

SIZE 약 15X30cm / 약 15X60cm, 두께 약 3mm
PRICE 15,000 / 21,000 won

04 작품의 완성도와 품격을 UP ↑
프라임 소잉전용실

의상, 소품, 홈패션, 머신퀼트, 미싱자수 등 작품 구분없이 사용 가능하며 일반 원단부터 수영복원단, 다이마루, 모직 등 다양한 원단을 봉제할 수 있는 멀티실입니다. 코어(CORE)사로 일반 폴리에스테르실에 비해 내구성이 Good! 일반 봉제용과 스티치용 2가지 구성!

SIZE 약 바닥3X높이5cm / 일반용(400m), 스티치용(200m)
PRICE 2,400 won

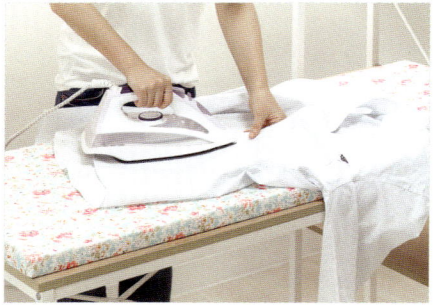

05 작품의 완성도는 다림질에서 결정!
아이론 매트(다리미 스펀지)

아무리 봉제를 잘했어도 다림질이 어색하면 완성도도 떨어지고, 멋진 라인을 만들기 힘들죠! 안정감있는 넓은 사이즈, 내구성과 실용성 만점인 아이론 매트는 원하는 예쁜 원단으로 커버링을 해주면 디자인까지 만점이 되는 강추 아이템!

SIZE 약 60X45cm / 약 150X50cm, 두께 약 3cm
PRICE 8,000 / 17,000 won

06 아름다움을 더해주는 데코 부자재
다양한 한복 장식

밋밋했던 한복에 고급스러운 한복 데코 부자재가 더해지면 완제품 못지 않은 더욱 멋스러운 한복으로 완성됩니다. 한복을 만들 때 꼭 필요한 동정, 매듭단추부터 원형, 사각, 꽃, 나비 자수장식 및 노리개, 소매장식까지 다양한 데코 장식을 만나보세요! 프레임을 이용하여 한복가방이나 클러치를 만들어서 매치하면 더욱 근사한 분위기를 낼 수 있습니다.

더 자세한 상품정보는 QR코드를 확인해보세요.

HAPPYBEARS

High Quality
매끈한 표면은 원단 봉제 시
발생하는 시임퍼커링 현상을
최소화시켜주어 봉제감이 탁월하다
작품의 완성도 up!
(시임퍼커링:봉제시 원단이 자글자글 울어
봉제선이 일정하지 않고 모양이 틀어지는 현상)

Stong
일반봉제사와 달리 실 중심에
나일론사가 들어있기 때문에
훨씬 더 강하고 고급스럽다
Polyester60%, Nylon40%

PRIME
프라임으로 가능한 Real Happy Sewing

가치있는 작품을 위한 특별한 소잉실

프라임이 당신의 작품을 한층 더
근사하게 만들어 줍니다.

90 Color
프라임 소잉전용실
45수2합 / 400m
(일반두께 원단 봉제시 사용)

21 Color
스티치 프라임 소잉전용실
29수3합 / 200m
(장식스티치 또는 두꺼운 원단 봉제시 사용)

5cm

3cm

Best Design
가정용 미싱에 사용하기 좋은
효율적인 디자인과 사이즈로,
실패 끝에는 여닫는 부분이 있어
사용과 관리가 무척 편리하다

제품가격 : 2,400원

So nice!
내추럴 소잉작품 등에 다양하게 사용될 수 있는 고급스러운 색감!

프라임 소잉전용실은 홈패션, 머신퀼트, 미싱자수, 소품, 의상 등
작품 구분없이 수영복원단, 다이마루, 모직, 가죽 등
다양한 원단을 봉제할 수 있는 다재다능한 멀티실이다 :)

NCC미싱의 새로운 친구 "스누피"를 소개합니다.

SNOOPY® CC-9907

" 스누피 " 와 함께
즐거운 소잉생활의 시작

스누피 장점

| 9종 패턴 | 자동 실 끼우기 장치 | LED 조명 | 노루발 압력 조절 | 프리암 기능 |

VERY GOOD!

©Peanuts